U0390805

人们总爱对旧风尚冷
嘲热讽，而对新潮流
顶礼膜拜；每一代人
都是如此。

亨利·戴维·梭罗

男士着装新规范

潮男的时尚法则

[意]朱塞佩·切卡雷利　著
[意]安杰拉·因普罗塔　摄影
麦秋林　译

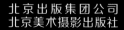
北京出版集团公司
北京美术摄影出版社

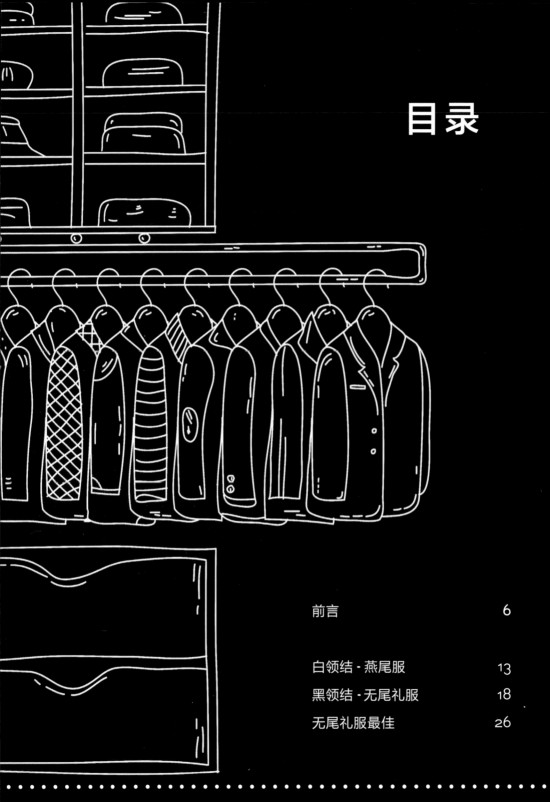

目录

前言   6

白领结·燕尾服   13

黑领结·无尾礼服   18

无尾礼服最佳   26

创意礼服   35

鸡尾酒会礼服   41

正装   49

半正装   57

下班休闲装   64

商务休闲装   72

传统商务装   81

飞行常旅客   88

华丽运动装   96

周末狂人   104

摇滚达人   112

乡村田园风   121

富贵闲人风   129

无所顾忌   135

我喜欢规则   141

脱下你的范思哲   148

居家男人   157

盛装泛滥众生相   165

黑金诱惑   172

怀旧风   180

无处不时尚   186

我心狂野   193

东方理念进入西方时尚界   198

前言

男装规范已死，抑或永世长存？在这样一个时代里，一切都在改变，旧事物不停被颠覆，现代男士着装规范的问题似乎陷入了亟须解决的困境。毫无疑问，很多人认为这个问题早已被阐释清楚。早在2013年，格伦·奥布莱恩（Glenn O'brien）在为《绅士季刊》（GQ）杂志撰文时就对此做了论述："自上世纪（20世纪）90年代末以来，随着'休闲星期五'悄悄向星期四蔓延，白领男性的着装规范就一直在弱化。"仅仅时隔几年，在2016年，劳伦·谢尔曼（Lauren Sherman）又在《时装商业评论》（Business of Fashion）杂志著文，标题极具爆炸性——《男装已死》（Menswear is Dead），她在文中刻画了更为复杂的男性时装全景。从男人如何对待、谈论和体验男装的角度来说，其着装规范确有死亡的感觉——男装就像恒久变化的宇宙，不断更迭，有时可能还会瓦解初创时的要素——并且这种感觉因其总体发展和持续的市场增长而得到了加强。据市场调查公司欧睿国际（International Euromonitor）的估算，2015年全美男装收入已达到290亿美元，到2020年这一数字将升至330亿美元，增幅为14%。

自20世纪90年代以来，休闲装逐渐成为男装文化的重要组成部分，它也渐渐打破了男性正装的刻板形象。科技不断侵入人们的生活，"硅谷宠儿"的生活方式成为我们追求的新榜样。同时，快速时尚的成功也进一步改变了大家的购买习惯。

在此还要提及一些全球性的时尚现

一切皆由此开始：最传统的男士正装是三件套西装，即白衬衫配领带，外罩人字呢外套，脚蹬双搭扣皮鞋。正装最经典的颜色是灰色。

象，比如美剧《广告狂人》（*Mad Men*）的成功。这部连续剧重现了复古式着装的魅力，同时也令这种着装现象重新流行起来。各大时尚品牌竞相为男士设计成衣（prêt-à-porter），力图突破服装的性别界限，而这正是时尚体系一直以来的追求。最近，这一目标似乎已经实现：随着古奇（Gucci）等品牌的成功运作，无性别服装成了新的，或许是决定性的前沿时尚。

简而言之，时尚潮流变幻莫测，各个不同的层面不断交融，互相借鉴。我力求在此基础上找到一种尚未被探索过的观点，或者说，是想勾勒出一个新的男性世界，它将直面新千年。可以说，规范是个过时的概念，当代文化常常将其拒之门外；然而在现实中，人们依然会遵循规范。

传统着装规范难以消亡，新的着装规范尚未形成；即便我们难以按捺"自由穿搭"理念带来的欣喜，但在现实中，我个人所做的调查证明，当被问及着装规范是否依然存活并有所助益时，九成被采访的男性都会说："是的！"这样的回答真假难辨，但这项调查确实说明，在我们的文化中着装规范与工作场合或随行同伴紧密相关，衣着和形象对于体现自我具有重要意义。如果能有一份着装指南稍作参考，或许每个人都会对穿搭这件事感到更自信。然而，我这里想要做的，是描绘现代男性的真实形象，而非专注于他们应当如何穿衣打扮。或者更确切地说，今天的男装世界如同变化多端的宇宙，每一种变化都有意或无意地创造出了自己的规则。同时人们的生活方式也日益多样化，不再单调乏味、一成不变。因此，即便是最严格的规则，例如白领结规则，也发生了变化，这要感谢"个性"对时尚的无声干预。现代着装文化就像一场大规模考试，不过题型为多项选择，每个问题都有无数个答案。对于着装打扮的问题，如果认为人人都会给出同样的答案，或者找到同样的解决方案，那么这个想法本身就很荒诞。

现代社会，工作环境空前全球化，许多男士的生活是在飞机上及世界各地的会议桌上度过的。"飞行常旅客"除了作为一项对忠实顾客奖励的措施，无论出于何种目的，也都应当被视为一种新的着装范式。因为这种特别的生活方式极大影响了他们对服饰的选择。当代文化对于工作成就的要求很高，人的压力很大，不同的选择造就了拥有不同文化的人群。而对于

文化的选择也会体现在新的着装方式上，比如现代人对冒险的激情已经与对度假的渴望密不可分，两者结合形成了一种生活方式，进而又演化为一种着装范式。

本书读来轻松愉悦，它会牵着你的手，带领你游览这些新世界。它会教你以全新的视角来看待传统，审视一路将我们带到今天的历史风尚，让我们看清这些传统风尚到底发生了多大的变化，又将如何帮助我们创造出新的风景。如今，我深信随心所欲就是着装的基本原则。依此原则，我撰写了这本不大严肃的袖珍手册，书中充满了各式社会分析和时尚评论，其目的就是为了让人们更加了解自己，面对新的着装规范时明白应该如何做出抉择。

领结选择白色！
白领结是燕尾服必不
可少的搭配。

燕尾服裤子应有
两道条纹，但一道亦
可接受。

白领结·燕尾服

这是咱们新兴着装规范中的第一个例外；当然，它从一开始就是个例外！

即便在现代社会中，"白领结规则"（White Tie也叫作"全晚礼服"）也是绝不能以玩笑待之的。百年来，它一直是人们严格遵守的规范，享有崇高地位，并被应用在极为重要的仪式上。故此，它已然固化成了庄严的象征。这么说吧，我亲爱的读者，由于潜在的势利心理作祟，你可能会对本章不感兴趣。

诚然，对于男装世界来说，传统一直在对抗全球性的盲目跟风，虽然我们依旧希望通过准确掌握着装规则来避免偏差，可如今践行白领结规则的机会的确少了许多，因此这种着装规范也成了真正的稀罕之物。

所谓的"白领结"（White Tie），指的就是燕尾服；今天，人们只有在赴大使馆晚宴，或是夜晚去歌剧院欣赏歌剧时，才会穿燕尾服。由于穿燕尾服的宴会场合越来越少，因此，如果你足够幸运，收到这样一份邀请，那么你必当注重每一个细节。顶级时尚品牌卢西亚诺·巴伯拉（Luciano Barbera）推荐"用不透明轻便织物制成的燕尾服，配以黑裤子、鞋子与黑袜子"。

在这款燕尾服之下，如果身份是交响乐指挥、诺贝尔奖获奖者，那必须穿着马甲，而且和衬衫、领结一样，马甲也必须是白色的。当然，大家都可以想象到，在现如今的盛大庆典上也出现了越来越多不可思议的配饰，如高帽子、手套、拐杖等，为庆典增添情致。其实，人们只是身处虚幻的燕尾服世界之中，这是个

近乎童话般的世界。可以假想美国绅士的象征——弗雷德·阿斯泰尔（Fred Astaire），假想一个无意做任何改变的"守旧小世界"。而"优雅"并非只是懂得如何为衣服选择恰当的配饰，而是一种生活方式；我们对自身衣着的关注，常常等同于我们对自身举止的关注。于法国长大的英国作家威廉·萨默塞特·毛姆（William Somerset Maugham），一位愤世嫉俗的悲观主义者，他曾写道："对于一个衣着考究之人，你一定不会注意到他的衣着。"

要做到这一点，就必须一丝不苟地遵循着装规范，永远不要出现丝毫不当之处。当然，如果是在现代社会中，一位身着如此盛装的男士所招致的可远不止旁人的蹙眉侧目。更常见的情况是：某位高官因为不熟悉某些着装规则，结果陷入

心不存优雅，则优雅不存。

尴尬境地。譬如，有传言称：2007年英国女王伊丽莎白二世赴美进行国事访问，时任美国总统的乔治·W.布什就碰到了一个僵局，因为与女王共进午餐的衣着规范是"白领结、燕尾服"。虽然官方不会草率行事，但是仍有许多人想知道，总统会如何遵循这类刻板的规范。为此，美国行政部门与英国宫廷齐心协力为这位"牛仔总统"提供了一本小册子。诚然，这本小册子是经过简化的，但其中包含了这类场合所涉及的所有规则。当时，华盛顿的上流圈子为这两个世界的碰面感到兴奋不已。同时他们也很好奇，想看看总统会如何应对

如今，只有在一些罕见场合，比如晚间欣赏歌剧时，人们才会穿上燕尾服。在某些场合，人们不仅会尊重传统，而且会全心全意地追随传统。

此事。最有可能出现的情况是：这位布什家族中最年轻的成员，得到了他唯一尊重的权威女性——也就是他的妻子劳拉的帮助，总统对贤妻的尊重可远胜于他对英国女王的敬意。

事实上，可以肯定的是，在其他类似场合中，男士仍然不知道如何搭配服饰。他们肯定在想："倘若连总统都做不到……"所以，我们要竭尽所能，为这一富有挑战性的着装规则撰写一个更为轻松的版本。

时尚历史学家尼古拉斯·安东吉瓦尼（Nicholas Antongiavanni）曾断言："这件衣服会让任何人都变成以美貌著称的男神阿多尼斯。"但是，如今，我们甚至对阿多尼斯自身样貌的看法都发生了改变。由此可见，着装规范也应当有所变化。

首先，不要将燕尾服（tailcoat）与无尾礼服（tuxedo）弄混，也不要因为燕尾服与晨礼服（morning dress）都有燕尾，看起来十分相似，就把二者混淆。燕尾服起初是晚宴套装，如今成了参加顶级盛事的敲门砖（本书有关章节会做出介绍）。晨礼服仅适合日间出席重要场合时穿着，如参加婚礼。

我们先从领结讲起。在白领结·燕尾服规范中，领结是最具象征意义的配饰，也是少数几件不管在任何场合都可以使用的配饰。依照规则，领结应是由白色提花棉布制成，并由礼服主人自行打结、佩戴。尽管现在我们几乎可以事事求助互联网，网上有数不清的教程告诉我们应当如何打领结，但为了方便起见，大家最好还是购买预先打好的领结；不过，领结的材质必须是棉质的，因为在燕尾服规范中，领结必须与马甲相配。

我们可以再出格一点，此前从未有绅士如此做过：使用黑色领结。或许你可以购买一个大蝴蝶结，其外形要尽可能酷似旧时手工打的领结。由于领结无须再与马甲搭配，而要与外套相配，所以材质选用经典的真丝织品也没问题。对于作家而言，这些文字有点像电影《黑客帝国》（*The Matrix*）中尼奥吞服的红色药片：一旦吞下，便再也无法回头。在燕尾服规范中，使用黑领结便等同于吞服红色药片。

尺寸至上！领结的大小很重要。领结应该要盖住衬衫的两个领尖。

鞋子则是另一个痛点。依照传统，唯一能与燕尾服搭配的是饰有罗缎结或丝绸结的漆皮鞋。实际上，你可以穿一双更像拖鞋、没有鞋带（千万不能有鞋带）的漆皮鞋，因为它更舒适，还可以用来搭配无尾礼服。我们甚至建议你选择一双饰有少量漆皮的绒面牛皮鞋。

　　最后，就是裤子了。燕尾服的裤子应该有两道缎带条纹，位于裤子的侧缝处。但就像领结一样，为了方便起见，你也可以选择只有一道条纹的裤子，这种裤子也能在其他场合穿，呈现出另一种风情。

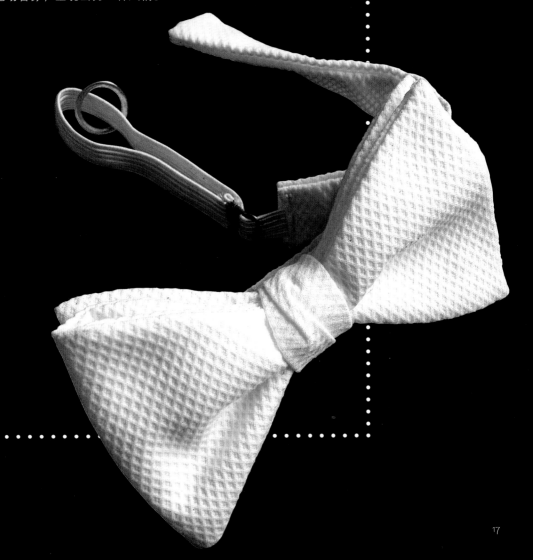

黑领结·无尾礼服

"无尾礼服也有高下之分。这件可不一样!"这是2006年的电影《007:大战皇家赌场》(Casino Royale)中的一句台词。片中的007詹姆斯·邦德一如既往的勇猛果敢,在服饰的选择上更是如此。作为当代男性的偶像,丹尼尔·克雷格(Daniel Craig)已然成为现代版007的化身。置评无尾礼服(Blac Tie),又有谁能比这位全世界最赫赫有名的特工更合适呢?

在现代人的观念里,无尾礼服是男士衣橱里最优雅、最正式的服饰,它起源于英格兰,原是一种晚礼服。多亏了裁缝亨利·普尔(Henry Poole & Co),他为了让朋友爱德华七世在晚餐后能舒舒服服地坐下来抽烟,裁去了燕尾服的燕尾。在那些令人肾上腺素飙升的场景中,007总是骁勇不羁的主人公;而穿上无尾礼服,他就是一位一丝不苟的绅士,这种两面性与007的人物特点契合得天衣无缝。

无尾礼服既舒适又优雅,其与生俱来的自信沉着、成熟高雅的特质,与年轻一代的朝气动感融合在了一起,但这并不意味着人们不再那么认可无尾礼服的正确穿着规范。正如权威时尚网站"懒人知音(The Idle Man)"所言,"倘若你不知道自己在做什么,那么最好别玩潮流"。这句话实际上就是一条非常具体的建议:"循规蹈矩,你就不会让自己……丢人现眼!"故此,我们特意用这一章来好好讲讲真正的无尾礼服规范,必须无条件服从的规范。

布里奥尼(Brioni),作为为詹姆斯·邦德设计无尾礼服40年的顶级男装时尚品牌,已经在最大程度上证明了这个选择的正确性。因为若说邦德代表着英国,代表着无尾礼服起初几近礼仪式的严苛,那么坐拥布里奥尼等顶级男装时尚公司的意大利则代表着现代的舒适,意大利的无尾礼服如今已经成为无可争议的新经典。

阿尔伯特·爱因斯坦(Albert Einstein)曾经说过:"你若想追寻真理,那就把优雅留给裁缝吧。"虽然爱因

一直以来,詹姆斯·邦德都与无尾礼服密不可分。现在,无尾礼服俨然已成为一种超级时尚风格,它甚至成功地将像丹尼尔·克雷格那样粗犷、沧桑的脸转化为了完美无缺的绅士面容。

无尾礼服的完美
配饰：系带漆皮鞋才
是正确之选！

斯坦这话的原意并非针对服饰，但我们可以借他这句不经意之言的东风，做出断言：只有裁缝——制衣之人，才能做出真正优雅的无尾礼服。所以，让我们忘掉连锁店，忘掉大品牌吧，裁缝店才是应该去的地方。

接下来的原则：无尾礼服的颜色必须是黑色或深蓝色；只有一个例外，夏日时节更适合穿着白色的无尾礼服。

无尾礼服穿着规则的第一条：除非特定场合、特殊要求，否则下午6点前绝不能穿无尾礼服。第二条之后都是严格指令，指导你如何毫无瑕疵地穿着无尾礼服。

单排扣礼服或双排扣礼服的翻领，不管是饿驳领还是青果领，必须是绸面；无尾礼服的面料必须轻薄，因为这种服饰是为在封闭环境中穿着而设计的。

礼服裤子的颜色应与上装相配；即便所穿的是白色上装，礼服的裤子也必须为黑色。礼服裤子两侧必须有丝质条纹裤线，但裤脚不能有外翻边。

衬衫必须是白色的，佩戴双层袖扣，还有暗扣，以及正好长及裤腰的前襟。

领结为黑色，永远都不能是白色；腰带为丝质，或采用与领结匹配的材质；鞋子是漆皮的；袖扣为金色或银色，并采用佛罗伦萨马赛克饰面。

上述指导内容短小精悍，向我们概述了什么是无尾礼服，更赋予了我们更多的空间来表达对这种规范所反映的个性。

音乐家弗兰克·辛纳屈（Frank Sinatra）常说，无尾礼服并非一种衣着习惯，而是一种精神状态，一种生活方式。以下说法似乎该受天谴，可在现实中，它却反映了无尾礼服真正的现代性：

对于已经拥有无尾礼服的人们来说，无尾礼服将他们"缝"在了一起，并放大他们的"人性"。

其他章节会介绍现代无尾礼服的诸多样式，譬如创意无尾礼服。不过在这里，我想分享一下这种着装最深刻的本质。

数年前，美国记者乔治·汉密尔顿（George Hamilton）曾向《名利场》（Vanity Fair）节目讲述过一个充满激情的故事，完美诠释了无尾礼服的精髓。在故事中，乔治复述了曼哈顿闹市区一家服装店的年迈店主对他说的一段话："不管礼服做工何等精致，你穿上时，都要表现出像躺在自己卧室未整理的床上那种自在和随意。着装虽很正式，但你要做到仿佛锦衣夜行一般不经意；把手绢塞入胸兜时，不要看镜子，黑领结可以戴得稍稍歪斜。记住，不管是这身礼服，还是礼服上的磨损，都会让你浑身散发出一种不经意的时髦感。"这是对一种着装最令人印象深刻的描述，也是对其意义与价值的最佳阐述。简而言之，就是：细节严苛，但洒脱自然。

　　当然，如果我们环顾四周，今时今日，能展现出此等魅力的男士并不多了。拿名人的穿衣打扮来论长比短是时尚爱好者信手拈来的游戏，绝大部分名人总会中枪，只有寥寥几个得以幸免。这些年来，美国影星乔治·克鲁尼（George Clooney）成了男装传统的真正继承者，这就是他总能以无可挑剔、轻松自在的姿态出现在世人面前的根源所在。

· ·

　　乔治·克鲁尼永远身穿无尾礼服。他那永恒的自信沉着使其无可争辩地成为加里·格兰特（Gary Grant）、詹姆斯·史都华（James Stewart）的后继者。对于几乎只穿无尾礼服的乔治·克鲁尼来说，无尾礼服仿佛成了他的第二层肌肤。

较高下；然而，他已经是好莱坞金粉世界里最后一位能将无尾礼服穿得完美无瑕的人了。

另一方面，美国人企图宣称无尾礼服是他们发明的，因为从词源上说，无尾礼服的英义名称"Tuxedo"来自纽约巾郊的泰克斯特公园（Tuxedo Park）。美国人这番描述纯系子虚乌有；正如我们所知，史学研究已经对此做出了澄清。

总之，我们可以肯定地说，就无尾礼服而言，不再是"衣成就人"，而是"人成就衣"；无尾礼服是人、衣密不可分的结合体。

那不勒斯的老裁缝奇罗·保内（Ciro Paone）是世界极品定制服装品牌Kiton的创始人，此品牌专门为男士定制服饰。在过去40年间，高级定制已成为全球热潮。保内先生也认为"无尾礼服是一种以淡定心态穿着的服饰。如果你表现刻板，那么这种服饰会令你更加刻板"。

只有掌握了规则，才能试着融会贯通。这是意大利裁缝的真知灼见。

不过，幸运的是，年轻一代中也有了当代优雅的新代表："小雀斑"埃迪·雷德梅恩（Eddie Redmayne）。他曾是一位模特，现为电影演员，2015年被时尚杂志《智族》（GQ）英国版评为英国最时尚优雅的男士，如今他依旧稳稳把持着这个头衔。

在美国，只有"高司令"瑞恩·高斯林（Ryan Gosling）算是有资格与其一

英国年轻电影演员埃迪·雷德梅恩用全新方式诠释了无尾礼服，其清新、青春的风格让传统焕然一新。

无尾礼服上装，我们推荐戗驳领。

你还可以打破规则、独出心裁，采用简单的侧缝，看起来了无痕迹。

样式简洁、线条流畅的腰带虽不是最重要的配饰，却能成为点睛之笔。

如今，漆皮鞋已成为每个男士衣橱里的标配。

无尾礼服最佳

有些人在出席庆典仪式、婚礼、官方活动，甚至一个简单派对时，都会紧张焦虑，生怕自己的表现不符合着装规范。对于他们来说，"无尾礼服最佳，也可自选着装"这句话简直残忍无比。它不同于必须忍受的问题，例如招待会的百无聊赖或婚礼上新人的某些可憎的亲戚，那感觉就像是被原本立誓要保护我们的制度出卖了一样。

着装规范的本质就是要为"陈腐人士"提供庇护，既防止他们遭遇令人不悦的意外，也防止他们以拙劣的穿着示人；在他们看来，两种情况同样糟糕。实际上，真正的问题源于"无尾礼服最佳，也可自选着装"这一要求背后的隐情。

加拿大时尚撰稿人、文化评论家和作家拉塞尔·史密斯（Russell Smith）在他的《男士时尚潮流》（*Men's Style*）

以黑绸缎领带替代黑领结，如今也可接受。

裤子长度应当能触及鞋面，但我们也可以稍稍放纵一下，把脚踝露出来。

一书中，以讽刺的口吻告诉我们：所谓"最佳"不过是主人怯懦的借口，他们对自己没把握，更要命的是，对客人也没有把握。"这就意味着，派对策划者一开始设想的是办一场光彩夺目的正式宴会。到场的男士们身着黑色或白色礼服，衣冠楚楚、仪表不凡，成为华服加身、婀娜多姿的女士们的护花绿叶。于是他们决定在邀请函的着装要求处写下'无尾礼服'。可接着转念一想，又心生犹疑……我们会不会把那些没有无尾礼服的客人拒之门外了呢？会不会羞辱了那些留着胡子、酷爱杰斯罗·塔尔乐队（Jethro Tull）那种不羁风格的客人呢？这种人根本就不相信此等精英服饰规则，可能会坚持自己的原则从而拒绝出席如此古板保守的宴会呀。"结果，他们只好在"无尾礼服"后面加上了"最佳"二字！

通常来说，这真的很棘手：收到如此邀约的纯粹主义人士也许会对这种不确定的着装要求感到愤怒；而对于那些本来就无甚主张的人而言，你的"帮忙"只会让他们更无所适从，不知道该穿什么；对于那些买不起无尾礼服的人来说，他们倒是可以毫无顾虑地穿套正装赴会；可更糟的是，对于那些需要我们特别照顾的敏感人士来说，他们会觉得拥有无尾礼服堪比《圣经》里埃及那场最后的瘟疫灾难，或者认为这是个近似于颓靡的行为……于是，他们也许应该待在家里，永远不出席任何派对。

解决这类情况并非易事，但是绝对非常有趣。正如纳塔莉·阿特金森（Nathalie Atkinson）在《国家邮报》（*The National Post*）中所言："有些家伙，尤其是那些自以为功成名就的年轻人，总是牛哄哄，对着装规则嗤之以鼻，穿上商务套装就来了……"阿特金森还说，"也许，他们认为租借或购买无尾礼服太麻烦。要么快点变成熟，要么就别到场！"这段话几乎就是对上流社会那些以玩世不恭态度对待衣着服饰的后生最大的讽刺。

现在你明白了，在某些情形下是很难保持低调的。好了，既然你已经清楚认识到我们所处的境地，那么，我们建议：你一定要为自己找到一个平衡点；对于宴会主人的"要求"，不仅要逐字弄清，还要以极度冷静的态度来审视它。如果宴会主人对着装提出了"要求"，那么很显然，这意味着：虽然我们无须遵循最隆重的规范，但是也不能对之全然不顾。

让我们从最恼人的元素——领结开始讲起吧。

在"无尾礼服最佳"的要求中，我们可以把领结收起来了。这种情况下，把衬衫的扣子从上到下都扣上，也是种很好的选择。它会为造型增添一丝时髦气息，让我们看起来更有个性，所以，何乐而不为呢。

在这套搭配中，复古的赞带一点都不显得老气，它替代了腰带，与礼服十分相配。

丝绒触感！其实它超出了所有着装手册中的范例，可丝绒材质那么优雅，自然也十分适合与无尾礼服搭配。

如果你想把一件简单的西服转变为无尾礼服，那么翻领必须始终采用绸缎面料。

如今，为了在格调上显得既不失优雅，又偶现高傲，人们常常会采用一个时尚诀窍，让我们也来借鉴一下吧。

保守的男士可以选择黑色绸缎领带，它和领结一样典雅高贵，也会让我们觉得更舒服。鞋子一定要选深色、时尚的漆皮鞋，系带或不系带皆可。不过，丝绒鞋面的鞋子也是很好的选择；虽然在任何一种着装规范中都找不到这种材质，但是丝绒鞋面现在十分受青睐。事实上，那不勒斯著名时装世家继承人卢卡·鲁比纳契（Luca Rubinacci）近期描述过这样一段经历："今年冬天我在伦敦的时候，收到了一份邀请，着装要求为'丝绒领结'（Velvet Tie）。于是我穿了件深棕色的丝绒无尾礼服，配上相同面料的青果领、白衬衫、黑罗缎领结。棒极了！"这告诉我们：可以说，丝绒如今已正式被纳入严苛的"黑领结"规范的材质版图中。倘若你更具冒险精神，更具创新性，那么可以试试一种混搭的方式。

正如我们希望以十分敬重的态度来对待传统纯色无尾礼服那般，出于尊重，我们并没有把这种搭配方式放进"创意礼服"一章中。现在，我们来谈谈这种混搭的无尾礼服吧。可以是一件深蓝色的上衣，配上不同面料制成的裤子、编织或细花纹的领子。这样，看似为两件套的搭配方式实际上悄无声息地打破了礼服套装的基本规则，然而我们几乎可以真心诚意地说，这套搭配简直可以瞒天过海，保证没人会注意到这一点！

带小花纹的深色面料是传统纯黑礼服裤的现代版替代方案。

如果邀请函上的着装
要求是"无尾礼服最佳"，
就恣意任性点吧！譬如选
两件特别的配饰：银狐
领及……

墨镜！20世
纪60年代的流行
款深色墨镜，能
完美传达出你对
于宴会着装的心
得精髓。

正如我们所知，时尚界人士眼里可不容沙子，但也阻挡不了这个事实：整个时尚界正在保持传统着装规范原汁原味的前提下，努力打破规则。

在这方面，奥兰多·布鲁姆（Orlando Bloom）为我们提供了诸多范本，因为他从不叛逆自己的英伦血统，同时又常常打破规则对礼服做出新的诠释。我们几乎可以既将他评为"无尾礼服最佳"大使，又给他颁发"自选礼服"杰出奖。

还有一位年轻的意大利设计师亚历山德罗·萨托利（Alessandro Sartori），他在男装界享有最举足轻重地位的杰尼亚（Zegna）家族中接受专业训练——最初服务于伯尔鲁帝（Berluti）品牌，目前归入杰尼亚（Zegna）品牌麾下。萨托利是"未来是休闲装天下"这句话的坚定拥趸，他也会运用类似的诀窍，引入颠覆传统的韵味，背离最经典的传统服饰，在男士正装着装规范里开辟一片小小的"无主之地"，将自己的风格利器发挥得淋漓尽致。多亏了赫赫有名的人物们提供的范本，这些被柔化了的正装着装规范也被年轻人接纳；他们虽然身穿无尾礼服，却仍然保持着自己的叛逆精神。

来点创意！双色礼
服别具情趣，是无尾礼
服的一种时髦升级版。

搭配流苏和搭扣的
复古双色及踝靴，会让
你的无尾礼服展现出最
优雅的姿态。

只需记住：按常理出牌便可

假如你认为腰带与
马甲不能同时使用，那
你真是大错特错了！

创意礼服

美国作家杜鲁门·卡波特（Truman Capote）曾说："正如绘画讲究透视和光影原理，音乐有其基本乐理一样，写作也有自身的法则。假如你天生便深谙这些原理法则，很好；倘若不是，就好好学习它们。然后再重塑这些规则，使其适应自己。"时尚法则也应被纳入卡波特的这段话中。我想说的是：只要我们对所论之事了解透彻，就必有重塑之法。

首先，我们要强调的是独特性，任何创意之举都会带来轰动效应，继而风靡一时。创意礼服的规则有点像试验场，只有心思不那么谨慎的人才会泰然处之。"创意"这个词一经引入，人们就会被其诱惑，燎原之势如同在时尚界摧枯拉朽，不断以新形式取代老规范。

世人对创意的兴趣从未间断，而且愈演愈烈；在心理学家看来，此乃人性之必然。可讽刺的是，我们常常将这种兴趣看作时尚的产物。然而，正如哲学家和心理学家弗洛姆（Fromm）所言："世人多是'出师未捷身先死'。创造，就意味着某一样事物已死。"

想要发展创造力，就意味着要做自己。创造力象征着人类本身需要发展、需要扩张，是人类的典型特征。不管一个人是对音乐、艺术，抑或体育感兴趣，不管他是喜欢读书、与好友谈天说地、打桥牌、与孩子嬉戏，或是喜欢研究礼服，想象自己如何能对其进行重塑，"创造"的体验都会让他沉浸在幸福之中。

虽然无数学者都曾企图定义什么是"创造力"，可事实证明，他们所为皆是徒劳：我们根本不可能对这个概念给出精准无误的定义。因为定义是静态的，是确定的；而"创造"则截然相反。这才是问题所在。

对很多人来说，对创意自由的认同便是无政府主义的前兆，可我们要摒弃的正是这种灾难性感觉。常言道：虚心若愚！我们无意冒犯前人写下的无数时尚指南，只想说：兄弟，请怀敬畏之心（Respect bro）！在时尚手册中谈及嘻哈服饰无疑等同于20世纪70年代在时尚界谈论朋克服饰；嘻哈服饰所引起的狂热不啻于时尚界"朋克之母"薇薇安·威斯特伍德（Vivienne Westwoods）的服装店"骚乱分子——英雄的新衣

（Seditionaries—Clothes for Heroes）"在伦敦开张时所掀起的狂潮。但这给人的感觉还不错，我觉得这也会给那些"时尚专家"的过时辞藻里增添些时尚语料。

正如男士时尚网站fashionbeans.com所言，"创意礼服"的规范并不是说穿一身凭空想象出来的服装出席宴会，而是穿着富有时髦元素的服装来到宴会现场。所以老兄，我们只有一个建议：请避开一切荒谬的奇思妙想。事实上，近年来，时尚设计师们，乃至整个时尚界，已经成功地传递出这样一条信息：我们可以运用些许色彩、想象力和趣味来将任何事物拉下神坛。

让我们从杜嘉班纳（Dolce & Gabbana）开始品味时尚冰山的一角吧。这个双人组合设计师品牌已系统性地打破了古老的时尚制

这双几完美的鞋子着一丝奇异英伦气息。

度，把创意悖论引入时尚界，并且发展迅猛。在他们的设计中，任何元素都能设计到无尾礼服上：从扑克牌到许愿物，从橘子到壁画。虽然从结构上说，这些设计依然严格遵从裁剪原则，但不难看出，其表现形式早已突变成某种未知之物。

甚至连超传统的设计师也能感受到创意礼服理念的刺激。创意礼服的魅力势不可挡，以至连拉法·劳伦（Ralph Lauren）都对旗下的西服进行了革新，加入了令人炫目的紫色丝绒元素，让世人关于时尚的一切质疑烟消云散。他们甚至还推出了一款扣人心弦的蓝色无尾礼服：虽然这套礼服的色彩令人震惊，但配上流苏漆皮鞋，耀眼的蓝色映衬于黑色的漆皮上，仿若穿上了蓝色的皮鞋，礼服的整体效果相得益彰。

然而，毫无疑问的是，尽管金色早已成为经典，它仍保有最叛逆的元素。自信而淡定的人也会使用金色，他们或许会将金色运用在某些可以确保效果的地方，譬如鞋子，而这仅仅是开端而已。你还可以在袖扣上尽情发挥想象力，我强力推荐珠宝史学专家沃尔特·格拉瑟（Walter Grasser）所著的《珍贵袖扣：从巴勃罗·毕加索到詹姆斯·邦德》（*Precious Cufflinks from Pablo Picasso to James Bond*）。在此书中，你能找到无数灵感来源；就鞋子而言，克里斯提·鲁布托（Christian Louboutin）设计了一些迷人的款式，尤其是镶有大胆蓝色铆钉的拖鞋，或者在漆皮上添加极度烦琐复杂的

"假前襟"是指
将无尾礼服笔挺的前
襟应用到衬衫上，这
种前襟可以是平的，
也可以是有褶皱的。

哪怕你的领结是
预先打好的，也要确
保领结是够宽大。

想象的力量！宗上如此
奇特面料制成的礼服，也可
以尽显"优雅"之风。

刺绣；还有意大利小众奢侈品牌Cor Sine Labe Doli推出的陶瓷领结。

给出"创意礼服"中最璀璨范式的明星是黎巴嫩裔英国歌手米卡（Mika）。米卡人气至盛之时，不仅横扫全球歌曲排行榜，甚至欧洲半数的电视台都在播放他的歌曲。他的礼服造型皆由华伦天奴（Valentino）为其量身打造，对于如何以最佳方式来展现这位流行歌手的魅力，华伦天奴了如指掌。从色彩、图案、花朵到漫画形象、未来主义画作，任何元素均可被运用到晚礼服上，传递出穿着者的气质及风格。

但若将米卡的搭配风格直接照搬到我们自己身上，那简直和直接效仿超级英雄差不多！我们应当有自己的风格！然而，毋庸置疑，米卡的穿搭可以作为我们学习的最佳典范，尤其对于具有青春洋溢气韵的人来讲。

许多人都和意大利设计师多娜泰拉·范思哲（Donatella Versace）一样，认为创造是年轻人的属性，或者说，创造力就蕴含在朝气蓬勃的生活态度中："不管我们用何种方式来表达，创造的冲动就是对创新的探索，所以是思想年轻的表现。"多娜泰拉可能是正确的，尽管世人常常指责他们的创作，或认为他们的作品很庸俗，但我们能看到她与兄长

乔瓦尼正是首批向高端产品的创新表达敞开大门的人。自此，着装规范开始掀起一场小型革命，力求用创新来改变时尚的语言。然而这场革命从朋克风刮到嘻哈风和流行风之后，真正留下来的真理只有一条：自由发挥并非毫无限制。

事实上，正如多娜泰拉所言，创新来自思想的碰撞。"艺术革新是以自身的方式来打破某些规则，然后发现世界的新范式及其表达方式；反过来，这些新范式及表达方式也是遵循严格的规范标准的。"意大利作家克劳迪奥·马格利斯（Claudio Magris）曾写道：随波逐流，随遇而安。虽然他所指的可能是一段旅程，可道理是一样的。只需记住：按常理出牌便可！

"创意礼服"最有趣的典范之一就是黎巴嫩裔的英国歌手米卡，无论什么样的服饰穿到他的身上，他都能轻松驾驭。

　　如果一张简单的邀请函上只印了"鸡尾酒会礼服（Cocktail Attire）"的字样，似乎有点空洞。但是要知道，如今的"鸡尾酒会礼服"早已不再只服务于它的初衷，而是还隐藏了更多"原来如此"的意味。这些被隐去的要求让我们备受煎熬，无法确定这份邀请是否需要穿上优雅的量身定制礼服。

　　可如果你把它与活动情境联系在一起考虑，设身处地想一想，那么这份邀请则会呈现出完全不一样的含义。此类邀请可能涉及各式

将柔和的色彩和休闲的态度融入正装元素之中：这些是当今男士服饰时尚的主导特征。

鸡尾酒会礼服

各样的活动：密友邀请你出席工作派对或时尚派对；派对的地点也许是在酒店或时尚餐厅，甚至是在同事家中。活动举行的时间可以帮助你判断这到底是更像隆重的晚宴，还是轻松的酒会。了解主人的背景信息也会帮助你把握晚会的正确方向：若主人是传统人士，那么宴会的气氛将会更倾向于典雅；如果主人是前卫人士，那么宴会的气氛将会倾向于狂野。即使参考了我们给出的附加建议，也不能保证你完全清楚"鸡尾酒会礼服"的真正内涵。

松弛随意的西服，醒目的大翻领，更重要的是它的颜色为可人的暖色。

如今，人们认为颜色柔和的裤子最完美不过，裤腿卷边应不少于4厘米。

这双鞋子的款式介于乐福鞋与拖鞋之间，尽管质地是休闲的斜纹粗棉布，但也是完美的选择。

究其缘由，恰恰是因为它是最令人困惑的着装规范之一，同时它也是最受人们赞赏的着装规范之一。

在我们梳理规范前，还要给出一点信息。此着装规则是在20世纪二三十年代流行起来的，当时上流社会人士有个非常盛行的习惯：在晚餐正式开始前喝点酒，而那时正值白天与夜晚交替之时。这种新颖的生活方式催生了新的着装方式：鸡尾酒会礼服。这种着装规则要求男士穿得比上班时更舒适。这种半正式的服饰成为日间过于正式的服装与夜晚太过华丽的服装之间的过渡。哪怕到了今日，这种模棱两可又游刃有余的搭配方式仍能成功运用到许多不同的场合，譬如婚礼、周年纪念日，以及各式各样的庆典派对。

首先，我们要确认一点：没错，得是量身定制的衣服！而量身定制则意味着是套装。别被这一点吓坏了，因为此套装非彼套装。这种套装的确非得是两件套不可，其剪裁需修身合体，而且不该是像灰色、海军蓝那样的深色调，以紫红色或者土黄色最佳。对于面料的纹饰，需小心谨慎些：可选用极简纹饰，或者经典纹饰，如条纹；倘若你对选择大胆的纹饰感到无措，那么就将注意力集中在礼服的面料材质上吧，因为面料始终都是个性的标志。你可以选择质地更光滑的面料，还可以考虑一下闪光的面料，或者挺括的面料，让面料自身来说话吧。虽然看上去在这种着装规则中不可能出现任何例外情况，可实际上，对于"鸡尾酒会礼服"来说，一套混搭的西服也是完全可以接受的，并且，这种选择更能展现出其未曾宣之于口的休闲意味。

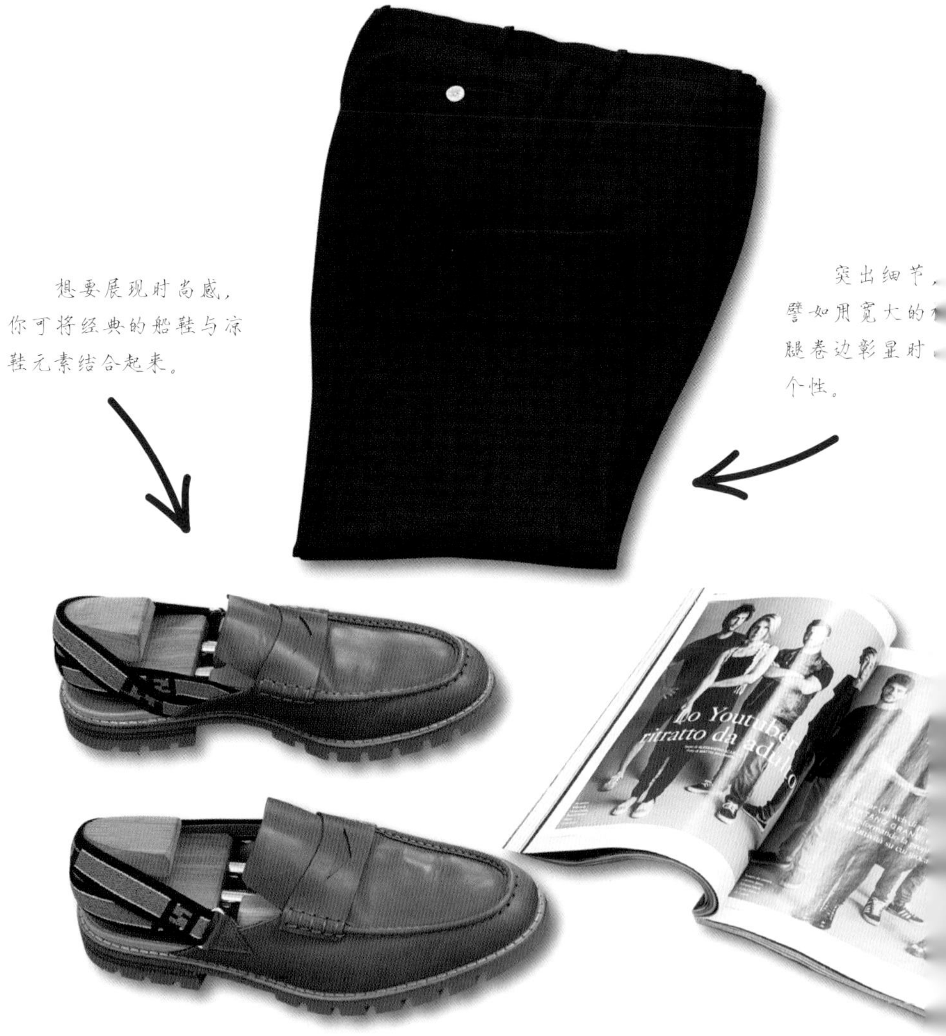
想要展现时尚感，
你可将经典的船鞋与凉
鞋元素结合起来。
突出细节，
譬如用宽大的
腿卷边彰显时
个性。

或许，我们最好直截了当地承认：牛仔裤很时髦。然而也必须声明：绝不是李维斯（Levi's）牛仔裤，而是牛仔款式剪裁的裤子，采用不同的面料，甚至是定制款。

1994年出生的英国单向组合（One Direction）乐队前主唱哈里·斯泰尔斯（Harry Styles）无疑是此种风尚的追随者，他深谙如何运用更现代化、更国际化的手段来诠释英伦风尚：他既是时尚前沿的英国摇滚歌手，又不过分英伦风，反而更国际化。最后，还有一个秘诀，他总展现出一股20世纪60年代潮流的魅力，这股魅力与现代气息完全交融在一起。他的气质介于法国男星阿兰·德龙（Alain Delon）与英国男星杰瑞米·

休闲西服是经典，更可以大胆地重新演绎。大胆的条纹面料能给你增添华丽的气质。

轻松时尚：新颖的韩式立领，既独特又有个性。

艾恩斯（Jeremy Irons）之间，正如现居住在洛杉矶的英国著名男主持人詹姆斯·柯登（James Corden）所言："无论什么衣服穿在他身上，都是那么衣冠楚楚……看起来不可思议的时髦漂亮。哈里穿什么都行。真是令人恼火……"詹姆斯笑着总结说："不管身上穿的是古驰（Gucci）西服还是泳裤，他看起来总是

很酷！让我很生气。"

正如我们已多次提及，有些着装规则便是如此，可以容纳某种天生的跨界风格：两种不同服装看似只是简单搭配，却隐藏着貌似胆怯、实际上极具爆炸性的尝试。

还有另一位来自音乐界的年轻人埃塞匹·洛基（ASAP Rocky），他就像

是本章中亦正亦邪的魔鬼与圣水，他断言："我发誓，倘若你接触过我定做的衣服，我们一定会产生化学反应！"如此激情虽不免夸张，可的确向我们传达出：与更普通的怀疑主义者比起来，年轻的饶舌歌手会以更充满活力、更趣味盎然的方式来与守旧的世界打交道。

因此，我们不难看到：有人选择一件有点古怪的定制西服，配上牛仔版型、面料大胆的裤子，脚上穿的看着真像拖鞋，其实那是一双凉鞋。或者是选用牛仔衬衫配上彩色的亚麻西服，以及与之相配

的……斜纹粗棉布鞋。他们可能会为韩式立领衬衣着迷，因为这种衬衫选用触感柔软的棉织物制成，会令人灵气顿生，从而展现出鲜有的典雅气质。如美国影星克里斯·派恩（Chris Pine）和瑞士网球运动员罗杰·费德勒（Roger Federer），他们身穿紫红色西服、乐福鞋出席活动时，绝不会引起旁人一丝窃笑。他们的乐福鞋与西服那么匹配，看起来仿佛同色一般。究其奥秘，还是创造力。

创造力犹如第六感，让我们可以做到斯蒂夫·乔布斯（Steve Jobs）所称的"简单地把事物连接在一起"，放在此处，便是"简单地把服装搭配在一起"。一方面，我们的本性会将我们拉向严肃刻板，另一方面，始终有个反作用力来打开一扇新的门：这总归是好的。美国导演弗朗西斯·福特·科波拉（Francis Ford Coppola）也相信："任何一种艺术中最基本的元素就是冒险。倘若你不冒风险，怎能创造出从未见过的真正美丽之物呢？"此话对服饰艺术同样适用，尤其是在鸡尾酒会开始的那一刻。

松弛而优雅的心态：这正是罗杰·费德勒在非正式场合穿的"鸡尾酒会礼服"所达到的效果。

细节的力量！
粗糙的边缘、未收
线的接缝，这些裁
剪上的细节无不凸
显独到之处。

你可以选择一双做旧、
柔软的帆布便鞋。

经典的灰窗
格纹棉质面料常
常能创造出独到
的细微差别。

鸢尾纹饰。这款经
典英式皮鞋上的细节展
现出很好的效果。

正装

看起来正装似乎令人苦不堪言。"脸书"（Facebook）创始人马克·扎克伯格（Mar Zuckerberg）、美国前总统奥巴马、美国导演克里斯朵夫·诺兰（Christopher Nolan）和阿尔伯特·爱因斯坦（Albert Einstein）等人均可证明这一点。这些人不是现在依然有穿休闲装上班的习惯，就是曾经有这种习惯。并且，他们也成为"胶囊服饰"的经典范例。所谓"胶囊服饰"，是指始终穿一样的服饰或拥有从一而终的着装模式。这种时尚在美国大公司的首席执行官中如野火般迅速蔓延。然而事实还不止于此，硅谷最大的投资人之一彼得·蒂尔（Peter Thiel）甚至引入了一条新规则：绝不给身穿西服的高科技公司CEO投资！

然而，正装并未失去其魅力，尤其是在日本、韩国。近几十年里，这些国家一直把精力集中在这种服装上。由于美剧《广告狂人》广受欢迎，正装风潮在这些国家中达到了巅峰。然而，我们也应注意这样一个事实：虽然正装日渐趋于小众，不过我们必须承认，这个市场仍葆有活力。全球最成功的男装网站颇特先生（www.mrporter.com）的总经理托比·贝特曼（Toby Bateman）说过："虽然仍有一些工作讲究衣着，可越来越多的工作已经不再需要着装规范。过去几年中，男装世界发生了翻天覆地的变化。"

当然，我们难以想象正装会全然消失，毕竟，经典西服的地位犹如黄金，是男士衣橱中最令人安心的港湾。如今，诸如耐克（Nike）、阿迪达斯（Adidas）等休闲运动品牌风行一时，而汤姆福特（Tom Ford）和拉夫劳伦（Ralph Lauren）等正装品牌也大获成功，甚至还有许多与意大利量身定制的伟大传统紧密相连的小型公司，譬如基顿（Kiton）、伊

气度优雅，
双排扣西服是最
佳之选。

搭配合适形状的眼
镜至关重要，选择错误
会让造型变得令人啼笑
皆非。有时候眼镜是令
人啼笑皆非的饰品，这
一切取决于它的形状！

每套正装必须配上做工精良
的手工鞋。绒面革的精致圆滑会
额外增添一丝精明老练的感觉。

萨雅（Isaiah），也都保持着15%的年增长率。了解了这些现状，我们才能理解和谈论谁将成为传统正装服饰的代表，以及他们是如何做到的。

在这方面，最有趣的观念来自于英国。当代正装的转折点体现在这个国家的许多影视男明星、年轻的时尚标杆，甚至商务人士身上。其中，英国超模大卫·甘迪（David Gandy）无疑是最受欢迎的人物。多亏了那支须后水广告，让他变得家喻户晓。大卫从不背叛自己的英伦血统，永远都是一身完美无瑕的修身西服，正如他曾对《智族》杂志所言，他穿西服马甲比任何人都要好看。英国模特奥利弗·柴舍尔（Olivier Cheshire）多多少少与其品位相投。奥利弗甚至能将最休闲的男装穿出优雅韵味来，他的这种能力让所有英国服装设计师都倾慕不已。

还有两位新生代的男影星给"正装"注入了现代感和新鲜感。正如我们看到的最佳情形：正装穿在他们身上，并不会显得过分夸张，并且其强大的个人魅力及社交能力会增强服饰的时尚性。首先，让我们来说说"抖森"汤姆·希德勒斯顿（Tom Hiddlestone）吧。他因出演漫威系列电影中雷神索尔狡猾精明的异母兄弟洛基而家喻户晓。许多时尚界人士指出，汤姆·希德勒斯顿对穿衣打扮的细节处理及剪裁知识有其独特品位，这一点在同行中非常罕见。许多著名影星常常穿着不合

得益于某知名时尚品牌的大力广告宣传，大卫·甘迪成为正装时尚最举足轻重的代表人物之一。无论在何种场合，他独有的英式的镇定自若总是无懈可击。

尼（Giorgio Armani）都对他赞许有加："丹·斯蒂文斯的魅力难以形容，其性情友善，随心所欲。我认为他是现代优雅的完美典范，风度翩翩，毫不做作，简单且始终独具个性。他是以泰然自若的姿态来穿量身定制的西服。"

身着西装的加拿大总理贾斯廷·特鲁多（Justin Trudeau）使古典正装散发出新的光芒。

体，而这位英国演员则与制衣人私交甚好，这就意味着他的服装可以完美贴合他的身材，使其造型非同凡响。在一个人人都选择花哨与夸张的时代，汤姆·希德勒斯顿向世人展示了"素净"也有可能成为众人瞩目的中心。

让我们再来说说"大表哥"丹·斯蒂文斯（Dan Stevens）吧。他因英剧《唐顿庄园》（*Downton Abbey*）而出名，甚至连时尚之王乔治·阿玛

正如我们所见，即便是正式的西装，也可以用很多方法来表达自我。尽管我们面临这个事实：世界似乎正在逐步走向休闲，可仍有许多正装在持续不断地被更新。最生动的例子就是那些成功将时尚元素和传统遗规混搭在一起，又丝毫不为过时文化"累赘"的新颖设计。

古典且现代：虽然这似乎很矛盾，可由于个性的魅力，有些人成功地让古典的服饰呈现出现代的气韵，加拿大总理贾斯廷·特鲁多便是如此。

那不勒斯时尚跟饰的最佳例子就是格子衬衫配细茶纹西服。

这双鞋子的材质可能看起来像绒面革，可实际上是丝绒质地。这套正装配上这双新颖的鞋子，看起来极其典雅。

超级经典的
饰，却加上了一
小细节：对于官
纹来说，粉色是
美之选。

2014年耶鲁大学管理学院展开了一项研究，研究表明：职业装会增加专注度与自信，从而提升工作表现。从这个角度来看，也许正装的衰败只是幻觉而已。而根据英国赫特福德大学心理学教授兼时尚心理学家凯伦·派恩博士（Dr.Karen Pine）所言："我们穿上一件衣服，就会具有与这件衣物相连的特征，这是很常见的情况。对于我们来说，许多服装均有象征意义，不管是'职业工作装'还是'休

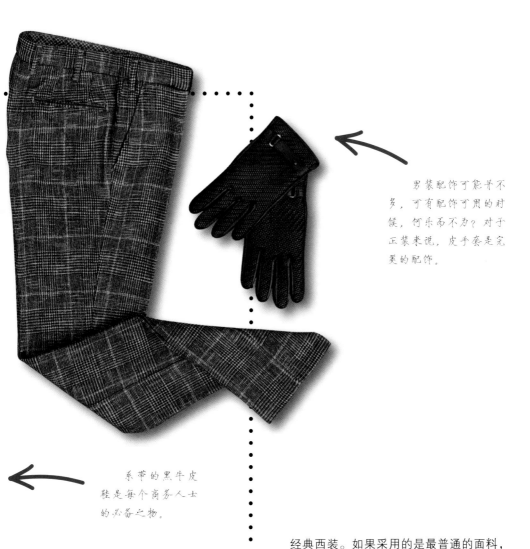

男装配饰可能并不多，可有配饰可用的时候，何乐而不为？对于正装来说，皮手套是完美的配饰。

系带的黑牛皮鞋是每个商务人士的必备之物。

经典西装。如果采用的是最普通的面料，如最常见的灰色窗格纹，那么你可以选择淡粉色的细条纹来让自己焕然一新，或者穿上一件经典白衬衫，但不戴领带；又或许你可以用深蓝色来取代完美无瑕的天蓝色，配上一条纯色领带，或者壮起胆子试一下优雅的象牙白色。细条纹和丝绒鞋一样，看起来总是年轻有活力。正如汤姆·希德勒斯顿所言："我们所梦想的就是要不停地带给自己惊喜，先别管观众怎么想！"

闲周末装'。所以，当我们穿上它们的时候，就会指挥大脑以符合'此意义'的方式来行事。"

如上所言，任何人只需稍做调整，微微偏离日常习惯，便能舒舒服服地穿着

时髦的男士可不能没有墨镜。

白衬衫就像万
能钥匙，适用于任
何一种着装规则。

半正装

最好还是立刻坦承：我们此处所谓的"半正装"只是不完全的"半正装"。之所以这么说，是因为我们已经介绍过一个与"英式"相反的原则，我们可以把它定义为"地中海式原则"。诸如"取下领带换换感觉""试一下别人的风格"此等小事没什么大不了的，因为"正装"与"半正装"之间通常就存在着这个小小的差别。

在这场重新定义着装规则的游戏中，我总觉得这种态度太过于迂腐，因此，应当以更宽阔的视野来看待此事。

让我们来假设一个场景：一场晚宴或者一场婚礼。这些场合通常有着非常严格的着装要求，但同时，这些具有约束性的要求几乎了无趣味，尤其是在庆典场合中更是如此。你有没有在时尚杂志或者专栏中读过一些时尚权威所撰写的文章，专门介绍婚礼上的男士们，如新郎、宾客等应当如何着装？嗯，至少我们可以说：这些文章的内容是有局限性的。因为它们总是给出同样的、老掉牙的建议：深色西装，白色衬衫加领带，不要有花纹图案，不要选太运动款的鞋子。在这些建议的共同作用下，造就了一幅令人伤心的画面：为了某个特殊场合，一位男士只是从衣橱里拿出西服，心中甚至都没有一丝疑虑——男人或许对婚礼也能有自己的观点。换句话说，新郎或许可以由衷地吐露心声："今天是我生命中最美好的一天。"根本就没有一本手册，告诉男人如何在婚礼上完美地呈现自我。这段小小的跑题就是想说：自古以来，在每位男士的"着装"生涯中，"半正装"正与这样的时刻紧密相连。

为了将这幅令人伤心的画面从脑海中抹去，我们必须摒弃的不是一种着装规范，而是一种生活方式。当然，这并非易事，因为最近的研究也表明：服饰价值的力量在很大程度上存在于老式范式之中。

复古的面
会带来往昔的
息，然而，新
的裤长会使其
为现代服装。

近期，心理学家卢卡·马祖切利（Luca Mazzucchelli）发表了他的研究结论："心理研究似乎确认了一些不同寻常的情况：我们的穿衣打扮会对生活的方方面面产生强烈影响。我们只需翻阅一下文献资料，就能看到一系列专门针对穿着与心理的研究。在两者关系中，有许多不同的层面，其中最重要的就是：我们的穿着会对思想、感受、行为，甚至表现产生强烈的影响。"尽管此处无法对这个结果展开讨论，可我们还是想说，哪怕有些现象确有其事，可它们也不应该成为导致自我怀疑的原因。

实际上，从开始出现"半正装"的着装方式到"半正装"着装规则形成，其演变是全方位的。而演变所沉淀下来的，是"半正装"风格的沉着与性感，无论在何种场合：不管是在白天还是晚上，不管是在工作还是在开会，不管是与同事简单地喝杯开胃酒，还是更正式一点的场合，譬如约会。

衬衫还是必不可少的，最好是白衬衫，也可以选择蓝色或纹路分明的衬衫。而领带，只有在极少数情况下才会选择佩戴。西服需是量身定做，款式最好选择现代风格，也可以是古典元素与现代元素混搭的休闲西服，但是必须要与裤子完美搭配。裤子同样也需量身定制，但大小、比例应是现代式的，裤形修长合体，潮流款也是不错的选择。

如今，一些标志性服饰也加入"半正装"行列，如风衣、大衣，是每位时髦周到的男士都愿意拥有的堪称经久不衰的经典单品。这些风衣、大衣、经典款式的裤子，或许借鉴的正是我们已经厌倦的那件西服。甚至，连正装也被纳入，只是这一次，经典西服的面料换成了绒面革。至于鞋子，仍需正装款式，带点英式韵味，你甚至可以尝试一下彩色皮鞋。

胡兵是展现新式"半正装"风格的代表人物之一，我们用他来当例子可以更清晰地展现这种着装规范。这位中国演员兼模特的着装风格完美而精准，而且还具备一种常人鲜有的能力：将英式定制与一些乍看并非十分明智的元素结合在一起。这样的搭配往往让人们感到有点疑惑，看不懂他的时尚路线，但细细品来又独具韵味。所以，胡兵成了欧洲各地时尚界津津乐道的人物。

英国演员多姆纳尔·格里森

（Domhnall　Gleeson）的套装也有异曲同工之妙，只是效果没有那么强烈。事实上，身穿英国时尚品牌博柏利（Burberry）标志性服饰的格里森能得到博柏利创意总监克里斯托弗·贝利（Christopher　Bailey）的赞赏绝非巧合。这位设计师称：多姆纳尔·格里森"以极度轻松迷人的方式来驾驭他的服饰"。

还有另一位年轻的爱尔兰演员艾丹·特纳（Aidan Turner）所穿着的套装，据设计师奥利弗·斯宾塞（Oliver Spencer）所言，艾丹·特

搭配粗条纹是一种
可以结合正式与特立独
行的方式。

深紫色的双排扣绒
面两件套堪称古典西服
套装的新式演化版。

胡兵，经常驾驭精致干练的当代风格出现在各种奢华的场合。

纳能让当代男士休闲服饰发出最有权威的声音，他"有一点不羁的感觉，是男人中的男人，服饰的梦中情人"。

最后一位，并非最不重要的一位，果浆（Pulp）乐队的主唱贾维斯·卡克（Jarvis Cocker）。每当他穿上英式定制西服时，总会流露出一种知识分子的气质，与他的音乐人身份相比，他看上去更像奥斯卡最佳影片《母女情深》（Terms of Endearment）中那个让无数女人着迷的教授。

其实，我们可以在大街上发现此风格的本质。都市大街上总林立着诸多著名男装公司广告牌，如克莱利亚尼（Corneliani）、伯爵莱利（Pal Zileri）、Boglioli，有时候

甚至连男装巨擘杰尼亚（Zegna）也位列其中，如此情景已经有一段时间了。从这些公司的产品中，我们可以领悟到"半正装"的精髓：它是对传统的一种颠覆，虽无规则可言，却总显得更有活力，更富动感。

众多历史悠久的时尚品牌都有意识地做过许多尝试或更换设计师，想要将自己的品牌打造得更现代化，或多或少地和历史与市场保持一致。如今，这种风格似乎已经找到了新的生命。

德国哲学家瓦尔特·本雅明（Walter Benjamin）对时尚的定义似乎可作"半正装"风格的完美墓志铭："时尚不过就是对同一事物永恒的回归。"

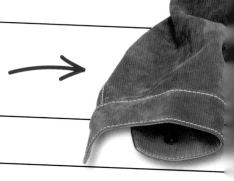

20世纪初，绒面夹克成为经典的男装一员。

时尚不过就是
对同一事物永恒的回归

下班休闲装

让我们以一位年轻的意大利设计师为例。在时尚界，弗朗西斯科·斯科纳米格里奥（Francesco Scognamiglio）的名望仅次于范思哲，可能是最受世界各地的演艺明星，包括Lady Gaga、妮可·基德曼（Nicole Kidman）、瑞塔·奥拉（Rita Ora）到麦当娜（Madonna Ciccone）等喜爱的设计师。在这里，我们要谈论的并非他的创意理念，而是他所设计的男装造型。他可以仅仅运用几个简单的元素，便体现出一种精练优雅的风格，既经典又时尚，哪怕我们讨论的是休闲装。就像这套，他的设计始终隐隐透露出优雅的气质；不管做什么设计，他都可以展现这份优雅。

"什么是优雅？这个问题太难了，没法回答……任何答案都会显得微不足道。让我们这样说吧，我们是在寻求美的真谛。"弗朗西斯科·斯科纳米格里奥的态度说明，优雅几乎等同于美，不管我们做何选择，总是逃不出这二者的掌控。

本章的定义相当清晰：在大部分西欧国家，下班时间为下午5点，这时候穿晚装为时尚早：我们已经说过了，下午6点以前绝对不能穿晚装。于是，如果你下班去喝杯开胃酒，便大可松开领带，享受一杯轻松的饮品。有些着装规则之间存在着微妙的差别，譬如本章的规则就游移在"半正装"和"鸡尾酒会礼服"之间，但我们不能让这种差别成为阻碍，对于这些一天之中不同时刻的着装规则，了解这些就足够了，每个人都可以依赖本能喜好来选择。

弗朗西斯科·斯科纳米格里奥是意大利最受爱戴的年轻设计师之一，人们不仅喜爱他的创意，更喜爱他的设计中所流露出来的优雅和极度轻松的气质。

白衬衫是男士衣橱的标志，它适合一切风格！

另一个标志：驼色大衣。这件大衣等同于"你永不会犯错"。

　　弗朗西斯科·斯科纳米格里奥总是身着超级合体、完美无瑕的白衬衫和经典的深蓝裤，裤腿擦着始终裸露的脚踝，还有驼色大衣及漆皮鞋。这位深谙国际社交之道的意大利人轻松地穿梭在诸如印度制片人瓦利斯·阿鲁瓦里亚（Waris Ahluwalia）、音乐人马克·容森（Mark Ronson）、超模理查德·比杜尔（Richard Biedul）等精英之中。

说到瓦利斯·阿鲁瓦里亚，德国新晋时尚品牌Kooples的创始人曾将他描述为世界上最时尚的男士之一。Kooples的创始人对"下班休闲装"做出了完美的解释："他的时尚感在于他对待日常服饰的悠闲姿态。他会用超级休闲的衬衫搭配量身定制的古典西服和平底凉鞋走上红地毯，或者用牛仔衬衣搭配印花丝绸裤子和绒面革靴子走在巴黎街头。如此的混合搭配要是写到纸上是行不通的，可穿在瓦利斯身上，总是行之有效。"这种着装规范的精髓在于浑然天成，虽然欠考虑，却能毫不费力地利用艳丽的色彩、阴沉的色调、复古的衣物或激光裁剪的服饰，尝试把街头风尚与经典优雅混合在一起。

英国时装设计师保罗·史密斯（Paul Smith）是另一个完美的例子。究其缘由，与其说是因其各式收藏，还不如说是因为他的个人风格。他谈到了一种休闲性，当我们在为自己选择服饰时，这种休闲性应该为我们把控每一套搭配。对于不同的风格的并置，就像不同语言对于"多语言"使用者来说，它们都具有相同的、自发的敏感性。就像多语言使用者在不同情境使用来自不同语种的词句，我们也可以游刃有余地从不同系列中挑选单品来表达自我风格。

"下班休闲装"给予你自由，容你恣意表达个性，甚至有点古怪也不为过。这让人们想起那不勒斯意式定制服饰的精神。

异宁材质的托德斯
(Tod's) 经典鞋款，两种代
表性元素组合得恰到好处，
相得益彰。

托德斯品牌的豆豆鞋无疑
是"意大利制造"的代表，不
管什么颜色都很漂亮。

大块不同颜色的拼接
组合总是成功的解决方案，
尤其是柔和的颜色。

这件从商务人士正装衣橱中借来的天蓝色衬衫能轻易带来休闲的感觉。

为了增添奢华感，这双优雅的深蓝色丝绒乐福鞋再次派上了用场。

正因如此，在不同年龄段、不同专业领域的男士中，那些令我们仰慕、能激发我们灵感的男士都是风格独特、令人耳目一新的人物。

譬如英国电视和广播节目主持人尼克·格里姆肖（Nick Grimshaw），他似乎就是天生的"下班休闲装"派人士。许多知名的时尚记者都认为，他那极易令人分心的魅力堪比摇滚歌星。与此同时，他还在泰然自若与凌乱粗心之间、在"时尚受害者"与"时尚爱好者"之间保持了一种微妙的平衡。又譬如，英国制片人兼歌曲创作人马克·容森（Mark Ronson）这位"派对达人"，其风格既时尚不羁，又带着一丝复古意味，成为"下班休闲装"的另一个重要代言人。

由此可见，若要完美地描述"下班休闲装"规则的构成，我们可以用新娘服传统来作基础：一点点旧，一点点新，一点优雅，一点信手拈来，一点狂野。那一点"狂野"可以来自你的鞋子：从双搭扣皮鞋、丝绒乐福鞋到漆皮便鞋都可以，再配上一条宽松的斜纹棉布裤，感觉相当疯狂。那一点"优雅"可以来自极度经典的白衬衫，或者办公室穿的条纹衬衫，但不管何时，衬衫都应有简洁的袖口。外衣可以成为那一点"新"，也许是毛边款式，或者使用新颖的面料，或者选择比较传统，却带着点古怪的颜色的单品。那一点"旧"可以是从大学时代就挂在衣橱里的开襟毛衣。而那一点"信手拈来"可以是父亲的大衣，或者是曾经属于爷爷的旧帽子。

别忘了，"下班休闲装"在时尚界行话里就等同于"休闲礼服"，或者说就是"休闲礼服"的替代方案。所以，千万别被误导：牛仔裤——不可以，破洞装——绝对不可以。不能因为这种风格与开胃酒有千丝万缕的关系，就意味着你"穿什么都可以"。这只不过意味着，在一天中的这一个小时你可以拿出魔法棒，将非同寻常的服饰搭配在一起而已。

可可·香奈儿（Coco Chanel）说得一点都没错："时尚并非只存在于衣服中。时尚存在于广阔天地间，矗立在喧嚣的大街上，时尚与思想息息相关，与我们的生活方式密不可分，与正在发生的一切紧密相连。"每一代人都必须尊重历史，热爱创造，通过时尚不停地沟通、交流，同时也为万事万物保留了各自的发言权。

总而言之，不管选择何种穿衣时尚，轻描淡写总是好兆头，对于"下班休闲装"来说更是如此。因为这种风格一旦变成"规范"，就意味着它将更有可能（相比于其他着装规则）被"越描越黑"。这种风格最大的拥趸是为时尚疯狂的创新人士。对于不管设计师、音乐人、制片人还是影视明星来说，似乎"下班休闲装"为他们提供了完美的方式：让他们或是郑重其事，或是插科打诨地尽情展示自己的创造力、个性。于"下班休闲装"之中，我们需要的并非令人着迷的外表，而是令人着迷的灵魂：不惧怕公开竞争或参选，也不惧怕揶揄那些更为刻板的准则。

同时，我们也需要知道如何富有情趣，并不遗余力地通过服装表现出来。幸运的是，在这方面，时尚界最聪明的智者卡尔·拉格斐（Karl Lagerfeld）给我们提供了帮助。一如往常，他只凭一句简明扼要的话，便打消了人们心中愚蠢的怀疑。"时尚既非凡品，亦非仙品，只为重塑你的精神。"这位"时尚界的恺撒"如是说。

商务休闲装

说实话，这可真算是"每况愈下"。由于显而易见的历史原因，"商务休闲装"的确算是个新概念，它诞生于西欧大型公司。在这些公司里，上班着装规范是一件极其严肃的事情，每个员工都十分在意。

而这一切起源于一个普普通通的周五清晨。这天清晨，男士们身穿T恤和内裤站在衣橱前，脑子里迅速搜寻所有的衣物，想找到一身可称为"商务休闲装"的衣服。因为在其他工作日里有更为清晰的商业正装着装规则引导他们，让他们无须担心。而这一刻，他们心中很自然地冒出了一个问题：如果那些严格的着装规范也会根据需要发生变化，变得越来越含糊不清甚至相互矛盾，那么为什么要屈从于落后的思想，苦苦学习它们呢？

当然，"商务""休闲"这两个词虽算不上反义词，但离自相矛盾也不远了。或者应该这么说，我们对"休闲"二字没有疑问，但"商务"一词用的是Smart（精致、帅气），它可并非时装艺术与生俱来的词汇。这个词的确扰乱了我们的视听，几乎让我们无法控制地颤抖起来，就好像得了"震颤性谵妄症"。我们的本能会问：要对谁精致帅气呢？

让我们回到最初的主题。世界著名会计师事务所安达信公司创始人亚瑟·安达信（Author Andersen）坚持，他提出"周五休闲装"这一概念是为了提高生活质量，而不是引起恐慌。早在20世纪50年代，许多公司，尤其是美国公司，就开始推行更休闲的工装服饰，认为这样也能提升生产力。可并非所有人都对此感到高兴。2000年，安达信发言人保罗·克拉克（Paul Clark）穿着一身法式天蓝色西服，搭配无领带格子衬衫，对外发言说，只有一半员工注意到了这个指示，并穿上休闲装："我们并没有发布着装指南，只是口头上告诉大家要信任自己的日常判断力。一些上了年纪的人还是喜欢打上领带，衣冠楚楚；其他人则喜欢穿色彩鲜艳的衣服，除非有会议，否则不穿西服。"

这看起来是个很轻松的选择，可事实并非如此。整个男装界经历了一番激进的转变。英国最赫赫有名的男装定制公司Austinl Reed的董事长柯林·埃文斯（Colinl Evans）甚至公开表示：由于正装的市场需求骤降，公司不得不进行裁员。

超经典的款式不允许
有太多变化，但可以接纳
一些新颖的小创意。

手套可以是皮
质的，可颜色必须
是橙色的。

你可以选择框架标新
立异的太阳镜，但镜片的
主基色应该是蓝色。

即便是那些在定制男装的小众领域享有盛名的人物也不得不承认，他们必须迅速转变，跟上"商务休闲装"这一市场快速成长的步伐。

"人们以前也会购买正装西服或便装西服，但假如上衣不是休闲夹克或运动服，他们就不知道该如何搭配。"英国时装设计师李·里斯-奥利维尔（Lee Rees-Oliviere）说，"可现在大家都能轻松地选购衣服，因为他们已经对上班能穿的新式休闲装规则完全了然于心。"

因此，"商务休闲装"这一概念从不同的视角去看，也许意味着着装革命的高潮，又或者是全新的起点。但这场革命实质上让那些热爱正装的人与热爱休闲装

如今，运动鞋被看成是每个男士衣橱里的新经典。

太阳镜可以成为饶有趣味的搭配选择，还可以与你的鞋子从色彩上呼应。

的两种人之间的隔阂更深：因为前者总会全面拥戴定制款；而后者，正如男装设计师告诉我们的那般，他们更懂休闲的意味，或者更激进些——运动服，才是男装世界唯一的未来。

对于"商务休闲装"，该在身上穿"什么"，你的选择范围非常广阔，无所不包，你只需遵照自己的洞察力和时尚感行事便好。

毋庸置疑，"商务休闲装"这朵皇冠上的明珠非意大利人莫属。许多品牌如威尼托的Incotex，阿普利亚的Tagliatore和Circolo 1901，或者那些更年轻，却致力于设计研究的高品质公司，如那不勒斯的Brigliao 1949，都旗帜鲜明地谱写了"商务休闲装"的着装规则。经典的运动夹克搭配牛仔裤、韩式立领碎花上衣和运动鞋；包括衬衫和外套在内的全麂皮服饰；手工剪裁的旅行夹克，搭配包括系带牛津皮鞋，或是粗布拖鞋在内的任意款鞋子单品。而色彩方面更可以胆大冒险。也就是说，如果橙色色块仍然被看成是冒险之选的话，只要选择相对温和一些的颜色就好。你还可以进行混搭，从正式的到稍显反常古怪的——比如花毛呢裤到运动裤，再比如牛仔裤样式的灰色斜纹粗棉布裤都可以。

换句话说，这样的着装风格可以看出一

再也别说：绝不能穿牛仔裤。如今，牛仔裤已经成为必备之物。剪裁合体、材质独特最为关键：没有两条一模一样的牛仔裤！

位男士穿衣打扮的能力。这正是所有时尚专家和评论家一直以来害怕发生的情形：男士可以随心所欲地穿衣打扮，可以自由自在地选择搭配，可以完全不用顾忌什么规范。尽管时尚专家和评论家们并不把这视为一种征服，而是看成一种失败；而其他人，那些真正的男人，那些像电影《午夜牛郎》（*Midnight Cowboy*）中乔·巴克那样的街头普通人，则兴高采烈。或许我们可以这样说，他们就像真正的男人那样，正以相当平静的姿态经历所有讽刺与谩骂。

夹克的变体。这种衬衫还可以使用麂皮面料，土黄色效果更佳。

对于休闲装来说，白色长袖或T恤总是优良之选。

　　在现实生活中，鉴于这个主题掀起的激烈争论，我们可以认定，这一着装规则的见证者和捍卫者都是年轻人。他们对自己的外表，对自己在专业领域和自身形象的选择都富有主见，极为大胆，并颇感自豪。

　　英国出生的亚历山大·吉尔克斯（Alexander Gilkes）无疑是其中之一。他和威廉王子，以及威廉的弟弟哈里王子一同就读于伊顿公学，2011年与美国时尚设计师米莎·努努（Misha Nonoo）结婚，如今又回归单身。

旅行夹克是万能牌，能带来全新的魅力。

另一种款式的便鞋。丝绸面料彰显深蓝色的优雅。

他曾在路易威登（Louis Vuitton）等大公司任职，担任过路易威登集团旗下库克香槟品牌的管理人，这段职业生涯虽然短暂，却辉煌斐然。如今，他成为深受敬仰的企业家，并创建了首个网上艺术品拍卖平台Paddle8。他绝对可以称为"享乐派人士"3.0版。

目光转向另一领域，寻找有着同样的生活观念和格调的人，我们可以列举音乐人贾斯汀·汀布莱克（Justin Timberlake），他的活泼气质让他不管身着何种风格，看起来都很酷。

不过，毫无疑问，此潮流中的璀璨明星当属歌手兼音乐制作人法瑞尔·威廉姆斯（Pharrell Williams）。一方面，他持之以恒地寻求新潮流；另一方面，他恪守永恒不变的基本原则：穿着得体。他通过不可思议的穿衣风格践行这一原则，深谙"新潮"和"得体"的完美融合之道，不时也谱写出新的着装规则。他引领着每种风格往前迈一小步，做着男装世界中不再禁忌的尝试，哪怕有些搭配大胆得有些过了头，仍然敢于冒险。在卡梅尔·史诺（Carmel Snow）担任《时尚芭莎》（Harper's Bazaar）主编的历史时代，时任艺术总监的阿列克谢·布罗多维奇（Alexey Brodovith）总对为他工作的年

轻摄影师们说："让我惊艳！"正是这一点成就了法瑞尔·威廉姆斯，以及所有希望或坚信自己正属于这一风格的人们。

这是现在、此刻的胜利，正如法国思想家和评论家罗兰·巴特（Roland Barthes）数十年前预言的那样："任何一种新时尚都会拒绝继承，会反抗前一种时尚的压迫；时尚体验本身就是一种权利，是当下战胜过去的自然权利。"

法瑞尔·威廉姆斯是这种着装风尚的代表性人物：将不同的风格完美融合，以鲜有的智慧混搭不同的元素，休闲优雅两相宜。

领带是经典的标志，是权力的象征。

如今它仍可在中西装不少马甲见于商业

别忽略袜子！哪怕是商业人士也会迷上优雅的图案。

传统商务装

"你若不入局，便是局外人。"商界绝无妥协，我能告诉你的就这么多。1987年奥利弗·斯通（Oliver Stone）导演的经典影片《华尔街》（Wall Street）清楚无误地诠释了这一点。由迈克尔·道格拉斯（Michael Douglas）扮演的戈登·盖柯对新助理巴德·福克斯这样说："如果你要挣钱，就不要瞻前顾后。"

当然，没有哪个世界能像金融界那般，鲨鱼横行，险象环生；也没有哪个城市能像纽约城那般达到消费主义的巅峰。这群商业精英的胜任能力和竞争能力正是通过服装来定义的，他们通过服饰传递出极其强烈而精准的信息与形象。尽管他们做生意的模式与"传统"的商业模式大相径庭，可他们的搭配完全是经典男装的完美翻版，有时甚至对经典顶礼膜拜：三件套西装、双排扣西服、背带、袖扣、领带、笔挺的衬衫，以及其他林林总总的一切。

确实，牛尔街的极端享乐主义世界或许不是最具象征意义的，但因其处于20世纪60年代——《美国往事》（Once Upon a Time in Americe）中那个年代，也为我们理解这一着装规范提供了很多强有力的形象，那也许是仅次于"白领结·燕尾服"这种最难诠释的着装规范了。这种"难"与着装的重要性有关，或者说，与着装在工作中的重要性有关。我们可以称之为"着装心理学"，它让我们意识到"这样穿"比"那样穿"更能彰显重要性，这或许比任何一本着装手册表述得更清晰。关心这一主题的男士范围何其广，

《华尔街》不仅是一部影史杰作，还是一本时尚纲要，完美再现了20世纪90年代商务人士的优雅服饰。

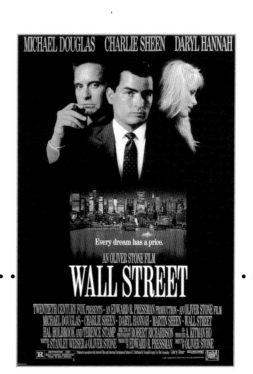

体会何其深，以至于坊间各种"商务着装指南手册"多到泛滥，几乎令人恶心，可那又怎么样呢？我们有谁能拍着胸脯说自己绝不"以衣取人"？其实，"以衣取人"的现象屡见不鲜，而且在商业世界中甚至能"衣成就人"。

时装界曾出现了赫赫有名的"男性大弃权（The Great Male Renunciation）"，倡导男性放弃华服，回归简洁、统一，永远选择严谨的正装。从那以后，男士的着装始终与其工作环境息息相关。单色西服套装，始终选择深色调，这几乎成了一成不变的规则。这样的服饰即刻成为可靠、严肃、稳健的标志，所彰显的品质正是工作与商业都不可或缺的基石。因此，如果西装，尤其是商务西装，透露出的意义比

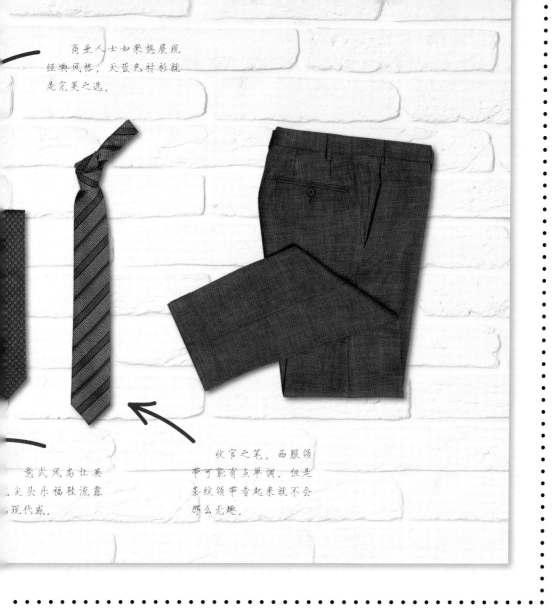

商业人士如果想展现
经典风格，天蓝色衬衫就
是完美之选。

意式风尚让英
尖头乐福鞋流露
现代感。

收官之笔。西服领
带可能有点单调，但是
条纹领带看起来就不会
那么无趣。

我们以为的要多很多，就丝毫不令人意外了。在一个"形象为王，规则为寇"的时代，休闲装几乎成为每个男士衣橱中的最终选择，而商务着装规则则却仍旧锲而不舍地遵循着往昔的传统。

市面上有无数关于这个主题的书籍。约翰·卡尔·弗鲁格（John Carl Flügel）早在20世纪20年代便已在讨论服装的内在价值，其著作《服饰心理学》（*The Psychology of Clothes*）是此主题后续所有文献的先驱。还有约翰·T.莫洛伊（John T. Molloy）1975年撰写的《为成功而穿衣》（*Dress to Success*），美国心理学家珍妮弗·鲍姆加德纳（Jennifer Baumgartner）近期撰写的《衣如其人：衣着透露本性》（*You Are What You Wear：What Your*

Clothes Reveal About You），以及意大利作家钦齐亚·费利切蒂（Cinzia Felicetti）撰写的《经理人服饰》（*L'abito fa il manager*），均是这一主题的著作。

当然，我们不能说过去30年间，商界从未发生变化。可有一种潮流正在改变普通经理人的生活：主观性、个体性和灵活性正在替代人们行为中的规划性与统一性，由此不仅创造了一个更为多变的职业环境，而且还让那些严格规定你在办公室里如何着装的规则变得没什么意义。

尽管这貌似一个永不休止的进程，在这个进程中，正装的重要性正在消失，领带和西服理所当然会被没那么严格的服饰取代，这样的服饰会让经理人或者专业人士感觉更自在。可哪怕是今时今日，

我们也没法简简单单地按一下"删除"键就抹杀这一切。故此，虽然鲍姆加德纳博士宣称"尚无绝对的科学研究表明衣着服饰会对生产力产生影响"，可八成的经理人仍然共守着类似的规则。

我们认为，传统商务装与正装很相似，它们的风格演变都涉及为数不多的、但至关重要的几个元素。首先是颜色：你可以继续选用深蓝色、深灰色、深棕色，还可以大胆选用其他不同的颜色，不会有人认为你的穿着不得当。就是说，虽然你仍穿冷色调的衣服，但是可以利用这些颜色的细微色差，一直过渡到非常淡的色彩。三件套西服还可以穿，不过，如果你以为这种服饰已经被大众摒弃，可千万别那么暗自庆幸。双排扣西服也是同样的道理，这种服饰实际上让人们回

不仅是西服，"职业范儿"还意味着要添加高品质的配饰，譬如：编织皮包。

"商务装"始终要求纯色西服，以传递出强而独特的权力整调气息。

衬衫色彩或纹理的细微差别能柔化通常十分严谨的装束。

公文包或者文件
夹是每位时髦男士必
备的物品，它应当是
皮质经典款。

CORRIERE DELLA SERA

尽管浅色并非商务
装的常规颜色，但年轻的
职业经理人大可以随意从
调色板上选取任何颜色。

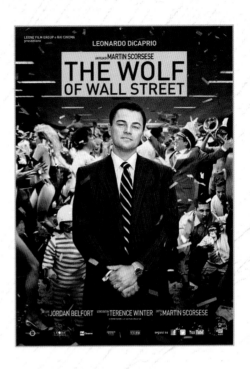

到了一个黄金时代。双排扣西服曾给人一种笨拙刻板的感觉，然而，通过合体裁剪及结构方面的专业改动，可以让新一代双排扣西服看起来更轻便，穿上去更舒适。还可以用高科技材料进一步提升表现力，这种高效表现力正是职业经理人永不停歇的生活基础。不过，最重要的元素绝对是款型。男士西服在保持舒适结构的同时，不管是西服上衣还是裤子，都在向当代款型靠拢。当代款型更修身，有时候甚至更短小精悍，更便于穿戴，却能营造出更具活力、更时髦的形象。最后就是配饰了。公文包仍是商业人士"最佳配饰"规范的组成部分，它也发生了变化，或者变成了大手提包，或者换成了不同材料、不同质地。

所以，就传统商务装而言，我们要说，与其说是规则问题，还不如说是穿着依旧经典、却流露现代气韵的服饰在上班时感觉是否舒适的问题。在马丁·斯科塞斯（Martin Scorsese）导演的

电影《华尔街之狼》（ *The Wolf of Wall Street*）中，由莱昂纳多·迪卡普里奥（Leonardo Di Caprio）饰演的乔丹·贝尔福特就宣称："没有最多，只有更多。"他的衣着打扮更是让前辈盖柯瞠目结舌。即便如此，我们还是认为：未来的着装规范一定会趋向简单化。想一想那些华尔街真正的"狼"结局如何，我们便能明白：有些我们所依仗的事物，必有终结之日。

物种进化。《华尔街之狼》中的莱昂纳多·迪卡普里奥说明狼可以失去它的皮毛，但绝不会丢掉它的利爪；时尚风格亦是如此！

飞行常旅客

"去年，我有322天在路上，飞行了35万英里（1英里=1609.344米），夜间飞行250次……对于旅行而言，你最痛恨的恐怕就是那句暖心提示：'我到家了。'"2009年影片《在云端》（*Up in the Air*）中，由乔治·克鲁尼（George Clooney）饰演的男主角瑞恩·宾厄姆用这段话向我们描述了一个现代旅行者的形象。在传统眼光看来，旅行总能让人们了解不同地区的社会与文化发展，而瑞恩却以完全原创的方式对这种高尚的"传统"表达了自己的观点。在这部电影中，瑞恩一年的旅行路程长度甚至超过地球与月球之间的距离，这种情况就连儒勒·凡尔纳（Jules Verne）的虚构小说《80天环游地球》（*World in 80 Days*）中的描写都相形见绌。那本小说发表于1872年，不光在19世纪，直到今天这个书名都会让人觉得很夸张。

尽管在短短80天内环球旅行似乎仍是一种挑战，可真实的情况是：科技不断进步，职场不停变革，廉价航班俯拾皆是，还有互联网。可以这么说，这一切已经不可避免地改变了旅行的模式和魅力。倘若这个变化是全球性的，那么这对于男性世界尤其意味深远，因为这种变革为我们的衣着举止重新定义了规则，从而让男士的衣橱发生了颠覆性变化，创造出一种新的时尚风格，并成为"当代人"的一种标志。

由于旅行的变革，今天我们用"飞行

88 电影《在云端》中，乔治·克鲁尼诠释了一种独身男士生活的新模式。大部分时间里，他为了工作不停地飞来飞去。正如同现今众多的"飞行常旅客"，他们已然创造出了一种新的着装规范。

89 手提箱里的生活，可这是路易威登手提箱！配色百搭，绝对舒适，格调无可挑剔。

对于讨厌那种硬壳手
提箱的人来说，旅行包是
完美的替代品。

图中是理想的旅行配作：
轻盈却又高效的百搭品。

常旅客"来称呼此类旅行者。而自工业革命末期以来，着装规范一直在简单化，我们问问自己这个问题：这种旅行变革是着装规范简单化背后的原因吗？

让我们来思考一下"飞行常旅客"这个词汇，它指的不仅是那些常常乘坐航班积累里程的人，还是一种生活方式。对于被迫在飞机上度过的时间比任何人都要多的人来说，这种生活方式影响到了他们生活选择的方方面面。

当乔治·克鲁尼在片中所扮演的角色说："对于旅行而言，你最痛恨的恐怕就是那句暖心提示：'我到家了。'"这似乎更像一种商业人士综合征，而非一种生活方式。实际上，如果我们拨开魅惑人心的心理分析迷雾，就能看清这种情形在社会学上的寓意是多么有趣。

我们同许多生活被切分成一段段商务差旅的人士交谈，采访他们，收集他们的体验，勾勒出他们生活的轮廓：他们并没有用沉闷单调的手提箱来诠释这种空间有限、时间匆忙的生活；相反，他们满腹激情地去寻找另一个更令人惊喜的选择。

一直以来，旅行都是讲述生活体验的优选方式，这多亏了叙述者天然拥有的双重属性，一方面他们是真实的，一方面又暗含着无限潜能。所以，问题全出在了手提箱上，可我们别忘了要讨论的核心问题：当"飞行常旅客"要面对手提箱空间有限、商务旅途漫长等诸多限制时，他们的衣橱发生了怎样的变化呢？

那么，升级版的旅行者该在自己的手提箱里装些什么呢？过去几年里，手提箱打包教材的数量倍增。从如何折叠衣服到空间节省的黄金法则，都打着"为新型旅行者打造临时衣橱"的旗号。其中最优秀、最有趣的教材出自路易威登之手。路易威登本人就是19世纪一位伟大的变革型旅行家。如今，在旅行用品市场上，路易威登仍旧是里程碑式的品牌。通过收集那些"一年内的旅行路程超过地球与月球之间距离的人"的故事，譬如我们的男主角瑞恩·宾厄姆，我们发现，"必要性会锐化时尚风格"。

当我们谈论"飞行常旅客"时，诸如"基本的""必不可少的"这样的词汇是不可或缺的，可进一步调查证明，真正的暗语则是"风格与品质"。

首先，不只认大牌，时尚这个概念与商务人士格格不入。面料的品质和制作工艺会影响他们对那些主打小众品牌或精选大众市场产品的高度传统公司的选择。还有一些新品牌公司，譬如克尔纳吉家族的特拉亚诺（Traiano）公司。这家公司拥有一种高科技面料的专利，这种面料轻盈、透气而且有弹性，在这种面料上印上带有视觉错觉效果的男性化灰窗格纹，然后制作出适合任何场合穿着的经典款式西服。这种西服绝对不会起皱，所以对于旅行者来说，简直是完美之选。意大利的天才时装设计师将新需求与舒适、时髦结合为一体。亲爱的，这可是"意大利制作"啊！

让我们继续讨论这类人士的特色：倘若我们可以借用音乐界的表达方式，那会将他们的时尚风格定义为"活泼的行板"。旅行者的衣橱很有分寸，但并不沉闷单调，只不过他们对衣物的选择带有某种"病态"，尤其喜欢纱线，或多或少还偏好建筑线条。

商务旅行一定要
西服，印花平纹面
为最佳之选，绝对
"免熨烫"。

与衬衫同色的领带是很棒
的小细节，会让你脱颖而出。

套装必不可少，色彩要中性（蓝色——从深蓝到海蓝、米色、卡其色、白色、深绿）。外套需精心挑选（非常多的人选择针织衫，偶尔也会有人搭配更加厚实的毛衣），但需选用大地色系。衬衫选白色、米色或蓝色。配棕色或深紫色的经典款牛皮鞋。如果选运动鞋，那么必须是白色的。

然后，他们会添加一些"活泼的"或者说"充满活力的"元素。在时尚风格中，个性化元素几乎总是"犯错之笔"，譬如斜纹粗棉布领带搭配蓝休闲西服，或者碎花衬衫搭配纯色定制西服。当然，风险自然是有，其冒险程度取决于所处的季节、场合、国度等诸多元素，但目标只有一个：浑然天成的优雅感。

"飞行常旅客"还需要注意到另一个有趣的事实。虽然如今已是"全球化"时代，但可以说，购物、为衣橱添衣加

休闲装与正装的混合款：
深色裤子可以百搭一切。

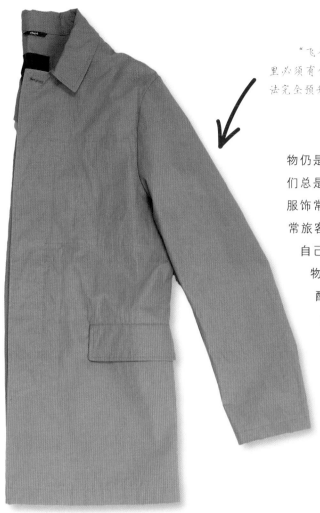

"飞行常旅客"的行李
里必须有件雨衣。因为你无
法完全预知天气!

物仍是一种"本地化"行为。因此,我
们总是喜欢去同一家店,所购买的各种
服饰常常都是标准化的。真正的"飞行
常旅客"会利用寥寥无几的时间来研究
自己的衣橱,挑选一些小众品牌的衣
物混搭鲜为人知的配饰作为基本搭
配,这种行为或许为小众品牌风靡
全球做出了贡献。也许,正是由于
他们,日式丹宁如45RPM牛仔裤
等日本品牌才得以闻名于世,朗
万(Lanvin)夹克1995系列这
样的复古珍宝得以重现天日,
以及英国AllSaints的布面藤底
凉鞋得以热卖。正如著名面
料品牌兰迪蕾(Lanificio di
Pray)的商业总监卡雷尔·罗
萨(Karel Rosa)所言,"这
些鞋子那么耐穿,那么漂亮,
简直芳踪难觅"。

在旅行时,衬衫永远是标配;
舒适、时尚才能拯救旅行的日子。

华丽运动装

　　热压强化接缝的K-Way运动衫；裁剪经典的尼龙夹克；军装款的尼龙兜帽衫；裤脚有抽带或松紧口的裤子，看似运动裤，实际上用的却是不透水面料；还有符合空气动力学的运动鞋和背包。这是运动男士的衣橱，是一曲各种元素交融混搭的大合唱：应用范围涉及各种竞技运动；面料涵盖各种高科技；裁剪符合人体工程学，能充分释放身体、自由运动。从本质上说，不管是什么形式的运动，均是男性钟爱的竞赛场；运动姿态仿若男人天性的延续，也是控制的象征。

　　即使在严苛的正装规则中，有些人还是无法放弃如此生机勃勃的一面，这种着装规范对于他们来说实在是完美。对此规则的激情很快掀起了一股对弹性尼龙毛线衣或高透气纯棉衣物的狂热。他们的舒适感依赖这些服饰，成为可穿戴技术的忠实粉丝。

　　虽然，这些服饰高水平的运动性能要求和穿着它们的乐趣与日常穿衣需求并不相称，可是，男性心里总会寻求充满男子气概的刺激。就服饰而言，不管我们如

018 PRADA

对于热衷出色表
现的现代男士来说，
高科技面料最能代表
他的灵魂。

混合款：常用于
大衣上的菱格纹袖子
与旅行款夹克完美混
搭在了一起。

运动鞋，还会有别
的选择吗？复古款式让
运动与正式的融合成为
可能。

何利用这种特征，运动服饰的确让男士在日常生活中体会到了令人战栗的刺激感。

时尚界抓住了这一点，并一直在男性宇宙这块领地中专心致志地思考探索。如今，这种现象已经不再隐蔽模糊，于是，动感风格诞生了。事实上，澳大利亚服饰品牌BCNU创始人保罗·扎克（Paul Zack）对此做出了解释："过去几年，我们看到全球卷起了一股潮流：运动装与日常服的融合，为下一波动感时装潮的兴起奠定了基础。"

简而言之，男士们希望自己的衣橱是个"多面手"，在他们日常生活中，不论何时何地总能从中选出时髦得当的衣物。他们需要的不仅是运动服饰本身，还需要这种可能性：有一套可以适合任何场合的服饰，从在体育馆做运动到在沙滩上徜徉，再到品尝开胃酒，让他们在无须不停换装的情况下，既充满运动感，又时尚帅气。

这种服饰代表着男性对女性的报复。换个更恰当的说法，是对似乎不可改变的社交规则的报复，这就类似男性允许女性自行选择服饰的事实。不错，这种现象仍时有发生，穿着动感服饰的人已经找到了自己的舒适区。他们在这里可以舒舒服服地表达自己的想法，就好像在和朋友聊天。正如《洛莫时尚》（*L'Uomo Vogue*）前总编奥尔多·普雷莫利（Aldo Premoli）所解释的那样："专栏作家（以及商业记者）早该开始描写这样的情形：每到周末，年轻人穿上这些服饰去进行锻炼，汗流浃背，却开心快乐；他们的腿部肌肉发达，让人想起文艺复兴时期的男性。"

亲肤尼龙材质、可拆
卸兜帽的夹克衫是令人着
迷的新式户外时尚。

背包并非只是装饰,
而是一种生活方式。

混合面料：为热爱运动服的男性将不同面料特性混合在一起，以达到最佳效果。

鞋子的面料由尼龙纺合绒面革和皮革，这种混合材质也可以在往昔与当下之间产生平衡。

　　现在，只有在面对钟爱的运动时，男士才会在这些装备上心甘情愿地花钱。麦肯锡咨询公司（McKinsey & Company）的报告清楚表明：2017年只有运动类服饰的市场在持续增长。这都是因为全世界奢侈品引领者们都在购买市场上最受欢迎的运动品牌商品。这种现象绝非意外，因为新千年一代的兴趣如今都落在科学技术和生活模式上，此外就是运动。

　　"老佛爷"卡尔·拉格斐曾经说过，运动裤就是失败的标志，可正如电影《风月俏佳人》（*Pretty Woman*）中朱莉亚·罗伯茨（Julia Roberts）对那个不幸的女售货员说的："这是个大错误，天大的错误。"今时今日，全世界正在发生一场与传统的时尚巨擘所信奉的理念截然相反的巨大进化。这场进化的程度如此巨大，以至今天我们已经不再谈论动感服饰，而是谈论运动休闲服饰。在这场运动服饰的进化过程中，下一步就是将越来越有吸引力的设计与我们所有自由时间内更大的活动半径结合在一起。就像所有时尚潮流一样，运动休闲服饰的审美哲学同样体现了对抗和对立的观念。与此前出现的潮流相比，这股潮流是乐观的，面向未来的：它让我们心中渐渐产生渴望，不仅渴望提升自我，还渴望改善周遭中的一切。它展现了科技与进步的力量，而不是盲目地将美好的旧时光理想化，永恒的斜纹粗棉布正是这种理想化的完美代表。

当然，经济衰退也让我们更加关注品质，继而生出一种对可持续性的渴望。运动休闲服饰就是这些潮流中的一种，也是对待未来的先行思想与先驱态度。然而，由于高昂的价格，这些服饰几乎把我们带回数十年以前那种享乐主义式的挥霍，因为我们对梦寐以求的新物品有着永不满足的焦虑。但是，这种对完美服饰的疯狂激情一直标志着与市场息息相关的所有动力。

这门生意是如此吸引人，就连音乐巨星也在进军时装界，与运动服饰大公司合作开发各种系列。这其中，饶舌歌手尤其多，但也不止如此，譬如流行歌手蕾哈娜（Rihanna）就与彪马（Puma）达成了合作。有些歌手还拥有自己的时装公司，譬如美国说唱歌手埃米纳姆（Eminem）和他的Shady系列。同为说唱歌手的50美分（50 Cent）与他的G-Unit系列……这个名单很长。甚至连绯闻比音乐更著名的歌手兼音乐制作人坎耶·维斯特（Kanye West）也推出了自己的系列服饰，在纽约的时装T台上就能看到他的时装作品。"时尚并不总是力图实用，它更是激情的宣泄。"这段话实际上可能正是对"华丽运动装"的精准总结，是男性宇宙中寻求时尚风格认同的典范。真希望这段话不会成为这种风格的墓志铭。

款型符合空气动力学原理，面料采用天然织物。对于技术与"时尚混搭控"而言，这是完美组合。

对于任何一个想用衣物来配合运动旋律的人而言，兜帽夹克都是衣橱里的必备之物。

松紧或抽绳裤口：为了更加舒适，优秀的运动裤会有贴身裤边。

军旅款周末包应该是每个热爱周末的人应有的配饰。

周末狂人

"你有没有过这种感觉：这将是我要做得最棒的事情，这将是我要有的最棒的感觉……然而并没有那么棒。"这是电影《城市乡巴佬》（*City Slickers*）中由比利·克里斯特尔（Billy Crystal）饰演的米奇·罗宾斯的一句台词。20世纪90年代的故事就是这么开场的。《城市乡巴佬》讲述了一群正在经历中年危机的男人的故事，他们组织了一次狂野西部之旅，很快这场旅程就演变为真正的生活体验。

今天，我们可以看到人们将逃离现代社会、逃离工作压力视为全新的神圣之事。工作已从一种卑微的活动转变为必要的活动，因为工作给了我们经济的独立，也是让我们改善社会生活的手段。工作赋予我们一种地位，变成一种仪式，标志我们进入成年的仪式。由于这些变化，工作身份对个人身份的影响力增加了。鉴于此，近年来，我们把越来越多的时间投入到了工作中，这种情形现在到了极致阶段，对我们的心理、社会生活及身体健康产生了负面影响。

寻求舒适感的激情
就藏在这款成功的运动
鞋作品之中。

这款"周末
狂人"深色调飞
行员太阳镜显得
活力十足。

类似文身的时髦刺绣会
柔化军旅款夹克的冲击力。

近年来，人们总用“筋疲力竭”和“职业压力”等术语来定义因工作时间过长而引起的不安情绪，但最重要的原因其实是“工作依赖”或“工作狂”。当新千年来临之时，“依赖”这个概念已经取代了所有与社会动态及个人动态相关的元素：我们依赖一切——购物依赖、工作依赖。所以，对于以下事实，我们一点都不感到奇怪：一群具有完全不同社会属性的男士因某种共同的激情聚在一起以缓解工作的紧张感。这就是“周末依赖”，或者说，每周有计划地逃避工作。

我们探讨此类问题时，有必要重组努力营造的现有的工作、生活时空，重新挖掘其他活动。通常来说，这些其他活动没有那么有利可图，但有时也会得到回报。通过这些活动，我们有可能找到从中获得满足感的新鲜事物，并以同样丰盈的创造力来设定新目标。一种综合征引发了另一种综合征，然而，幸运的是，这是一种积极的综合征。

一般来说，挫败感会伴随压力而至，这种挫败感由某种被抛弃或被遗忘的激情导致，这种激情会唤醒我们狂野的灵魂，从而产生无法抑制的渴望，想要逃到户外去。

谁不向往未受污染的生活呢？谁不想将一切抛诸脑后，与大自然完美、和谐地相处，试图唤醒内心存在的克里斯多夫·强森·麦坎得勒斯呢？在西恩·潘（Sean Penn）2007年执导的影片《荒野生存》（*Into the Wild*）中，男主角克里斯多夫·强森·麦坎得勒斯说：“许多人生活在不愉快的环境中，但他们不会主动去改变自己的处境，因为他们习惯于一

这款“干净”版美式斜纹棉布裤是很好的折中风格，既轻松又不“狂野”。

最初的运动鞋
是白色的，在这款
答配中，白色运动
鞋带来一丝近乎复
古的气息。

麻花编织的毛衣，
大胆的色彩，保留着永
不过时的风格。

107

原汁原味的铆钉
皮夹克，还有什么能
比这更经典呢？

宽松的腰身、
丰富的色彩，整
体效果让人仿佛
看到电影《斗鱼》
(Rumble Fish) 中叛
逆少年的形象。

带凹凸
底的水陆两
靴，不管什
样的地面都
向披靡。

种安全、顺从和保守的生活，以为这一切能让他们心态平和。但现实生活中，对于一个有冒险精神的人而言，安全的未来才是最危险的因素。人类生存精神中最基本的核心就是对冒险的热忱。"麦坎得勒斯还说："生活的欢愉，来自于我们遇到新的体验。所以，人生最愉悦的事就是享受不断变化的风景，因为每天都会有一个崭新的、不一样的太阳……我们只需鼓起勇气，对抗习以为常的生活方式，去过一种不因循守旧的生活。"

大多数人都希望能拥有明确的人生目标，拥有完整的人生哲学，可这只是无法企及的梦想而已。20世纪六七十年代的影片《逍遥骑士》（*Easy Rider*）中的彼得·方达和杰克·尼科尔森向世人讲述了一个骑着机车过上颠覆生活的故事；甚至更早些时候，还有美国"垮掉的一代"作家杰克·凯鲁亚克（Jack Kerouac）的代表作《在路上》（*On the Road*）。

这些故事创造了一类传奇，让人们幻想逃离"盒中的生活"，在令人心旷神怡的广袤天地中骑行。

如今，人们可以用一个或多个周末来体验这个超越常规的闪耀世界，这是一种虽微不足道，却行之有效的解压方式，让你成为心驰神往的吉卜赛人。周末狂人们的搭配非常基本，这种选择几乎也成为他们生活的象征。铆钉皮夹克代表自由，代表颠覆；旅行款夹克代表冒险，代表冒险体验的魅力，也许这种服饰能让人们体会到一丝军人世界的气息，那个世界融合了男性的一切典型元素：力量、反抗、友情；粗呢外套代表大学时代，那是每个年轻男士生活中最美好的时光之一，在你参加联谊会聚餐时，在你为真正的友谊激动时，这种无忧无虑的简单生活还会重上心头。

然而，最重要的是牛仔裤。它仿若一个可以信赖的朋友，主要是因为它很实

用，维护费用低，而且如今几乎所有场合都接受牛仔裤。喜欢普通生活的人会穿运动鞋，喜欢像吉卜赛人那样生活的人会穿长靴，想向众人证明自己不是只穿运动鞋的人，还会穿踝靴。

其余服饰的特征就不是那么鲜明了，只有笼统的特征，如经典的罗纹毛衣或者带微型图案的衬衫等，但也都可以成为独特的时尚配饰。事实上，如果你愿意，甚至可以给出自己对风格的看法！简而言之，这就是一个能装进周末休闲包的衣橱。正如凯鲁亚克在他的书中所写的："开车离开送别的人，看见他们的身影在原野上渐渐消失，会有何种感觉涌上心头呢？……然而我们却期盼着奔向旅途，在蓝天下进行又一次激动人心的冒险。"直到电脑桌面的图像发生变化，我们才从梦中醒来！

粗呢外套是一种
令人怀旧的服饰，可
真的非常实用；兜帽
和牛角扣让它成为户
外时尚的先驱。

皮手套是重要的时髦
细节。手套是"意大利制
造"最重要的典范。

纯色的菱形纹毛衣
是男士衣橱中另一款经
典的"学院风"服饰。

摇滚达人

20世纪70年代文化氛围高度紧张，摇滚在全世界一路高歌，取得了决定性胜利。如今那种紧张的氛围似乎已经消失，几乎成了"恐龙时代"的东西，这像极了20世纪80年代孩子们对自己家长的感觉。

事实上，亚文化极少能始终如一，因为它是少数群体的表现形式，通常与主流文化产生冲突。通常的情况是这些所谓的"坏孩子"渐渐渗透进主流阶层，给了更多人充分的理由进入新的时尚领域。正如曾经在另一批小众人群身上发生过的情况那样，摇滚演化为今日时尚界的风向标，尤其对男装世界而言更是如此。

摇滚风格的影响只是诸多服装变革的一部分。真正的问题是：你觉得自己到底有多叛逆？你的头脑中到底有多少块"滚石"在震动？事实上，人们了然于心的是，摇滚不仅仅是音乐而已。摇滚乐始于"猫王"埃尔维斯·普雷斯利（Elvis Presley）和他同时代的音乐人。这种音乐撩动了我们每个人心中的情感与愿望，并以各种方式滋养它们。从本质上讲，摇滚如同"巴洛克风格（Baroque）"，它是一种精神。这种精神痴迷于未知事物，认为主流并非唯一之道，追求创造性。这就是摇滚，而摇滚怀揣着这种精神闯进我们的生命，也的确征服了一部分人的心。

英国历史上著名的时尚设计师薇薇安·威斯特伍德（Vivienne Westwood）将"朋克风"引入时尚界，她一直声称自己从来都不是刻意要成为叛逆之人，"我只是想搞明白世事为何会这样，而非那样"。故此，摇滚的本质就是寻求内心深处的个性。实际上，这位伦敦设计师还说："我身在时尚界的唯一理由就是要摧毁'循规蹈矩'一词。"当然，从这个意义上讲，香奈儿也可以成为摇滚偶像，因为她很固执，还对正统思维方式

一双带拉链的黑
绒面皮革锥形短靴是
摇滚服饰最重要的组
成部分。

对于勇往直前、敢说敢
做的摇滚风尚来说，铆钉皮
夹克无疑是永恒的标志。

印着忤逆标识和地下
名人的T恤：亲爱的，这就
是"摇滚"！

永远的铆钉皮
克！为了显得更为
夺，你可以挑一件
旧风格的白皮夹克

戴雕刻、头骨
其他符号的银戒指
形状尺寸各不相同

风格最为迥
异的牛仔裤：紧
身款，几十条带
子缠在腿上。

感到愤恨，这些都是所有叛逆者共有的特征，当然也包括那些身穿定制女装的叛逆女性。

所以，我们一点都不感到意外，哪怕到了今日，倘若我们想要对男性宇宙中最具代表性的类别进行筛选甄别，就不能忽视摇滚，不能仅仅把它当作一种生活哲学。英国最有名望的时尚记者兼文化评论家彼得·约克（Peter York）解释："实际上，（摇滚达人）极端风格主义的关键非常简单，那就是：与世人对立。这种疏离让摇滚达人生出一种群体感，可以通过愤怒辨别出来。"

当今这个世界，随着索尼一个个新游戏主机（PlayStation）的问世，科技规则及人与人之间的联系急剧被削弱。在过去20年里最热门的情景喜剧中那些穿着老土、痴迷计算机的书呆子成了大众新宠，人们在智能手机上的虚拟生活远高于现实生活。世人对这样的世界发出了谴责之声，并对那个濒临灭绝的世界心存怀念。摇滚达人们认为这些谴责之声与怀念之情是有价值的。他们依旧喜爱冰啤酒，他们从未丧失音乐带给人类的美感与创造性。

这种风格的元素很清晰：皮革、皮革、皮革，更多的皮革。牛仔裤是唯一的例外。接下来就是印花T恤，锥形靴，无所不在的太阳镜，形状大小各异的银指环。其中最重要的元素是大量的金属，不论是铆钉还是金属扣。在这种时尚中，只有一个模式，虽然老套，可仍旧有效。

皮夹克一直是叛逆与自由的象征。

对于任何一款摇滚服饰来说，铆钉与搭扣都是必不可少的。

在整个摇滚世界中，着装范本到处都是：紧身衣，数量巨大、花里胡哨的银配饰，它们的形状简单、基本，几乎了无趣味。真正的摇滚达人不喜欢时尚，却难以脱身。就纯粹主义而言，自摇滚演化为华丽摇滚（Glam Rock）之日起，摇滚便已死去。所以在某种意义上，所谓的"摇滚着装规范"并不该存在。可哪怕摇滚创立者对新式的华丽摇滚持怀疑态度，这种新式风尚还是成为了赢家。

从历史角度看，华丽摇滚是一种受人尊敬的潮流，英国摇滚歌手大卫·鲍威（David Bowie）就是这股潮流的先驱。然而，沟通的粗俗化已经打乱了原本的表达方式，为摇滚的叛逆世界带来了时装T台魅力的火花。

　　另一方面，时尚作家詹姆斯·拉韦尔（James Laver）争辩说："服饰是不可避免的，它们就像心灵'看得见摸得着'的家具。"也许正因如此，即使今天我们看到的施华洛世奇水晶比铆钉要多，皮革也变成了漆皮鞋，可摇滚服饰仍旧具有强大的影响力。

背心是摇滚达人中最常见的穿着之一；网孔面料也是一种重要的挑衅形式。

皮革：一切值得算数的摇滚服饰的核心元素。

真正的摇滚达人不喜欢时尚，
却难以脱身。

没有什么能比经典
的苏格兰羊毛格子上衣
更能代表乡村绅士了。

墨绿色宽松款
纹灯芯绒裤，极具
式风范！

乡村田园风

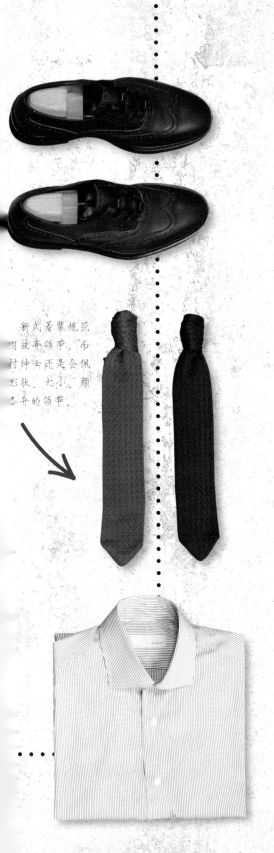

新式着装规范
固然弃领带，而
村绅士还是会佩
形状、大小、颜
各异的领带。

　　"君子协定的前提是要有君子
才行。"在雷德利·斯科特（Ridley
Scott）2006年执导的时尚影片《美好的
一年》（A Good Year）中，由阿尔伯
特·芬尼（Albert Finney）饰演的亨利
叔叔说了这句话。在这部电影中，罗素·
克劳（Russellt Crowe）扮演了一位愤世
嫉俗的英国股票经纪人麦克斯·斯金纳，
他意外继承了普罗旺斯的一座庄园，童年
时代他曾在那里度过了许多夏天，可他从
未想过到那里生活。

　　正如我们所知，绅士居住在乡村，
尤其当我们谈论的是英国绅士时更是如
此，他们始终认为自己的出生地和庇护所
就在光秃秃的乡村。虽然，乡村人口下降
成了21世纪的标志，因为人们都追寻都
市梦，可正如《美好的一年》的男主角
告诉我们的那样，新千年的来临向我们
展现出全然不同的情形。我们可以创造
一种新的说法来描述这种生活方式的新
趋势："你自乡村来，应归乡村去。"

温暖的羊毛围巾是让人可以感受色彩的配饰，有点像美国漫画《花生》里莱纳斯的安全毯。

领带有点特别：必须是丝质的，而且还必须符合乡村中的大地色调。

农业是乡村的主要经济活动。由于30多岁，甚至20多岁的年轻人开创的葡萄酒业务正欣欣向荣，乡村再次吸引了年轻人的注意力。葡萄酒品尝生意很诱人，而酿酒学似乎已成为一门新式的黄金学问。在这门学问中，文化、时尚、工作与伦理道德全都勾兑在一起装瓶。

户外的生活方式则摒弃了古老的狩猎场，而转向同样高贵却不那么野蛮的领域。由于有机作物的出现，以及对食物领域古老知识的重新挖掘，葡萄酒行业几乎成为年轻一代向往的行业。可要在此行业开展业务，需要技能、谋划与预算，唯有在葡萄酒业浸淫多年的人才会拥有这些。"首先你需要做的就是问自己：这是激情、兴趣还是一时兴起的念头？有

时候，这一开始只是开拓消费或者潮流的手段，最终却演变成创业的冒险经历。结果不难想象……"意大利青年农民协会副主席乌果·巴格达（Ugo Bagedda）解释道，"倘若你有激情，你能做的就是解决所有的问题，深化自己的知识，做好本职工作"。

意大利和法国并非唯一的移民目的地。由于葡萄酒业的成功，那些产品质量持续提升的区域同样具有吸引力，譬如美国的加州和澳大利亚。因此，我们见证了一个超越国家群体的类别诞生。他们是一群来自都市的文化青年，他们深谙品位为何物，对时髦风尚了如指掌，与传统农民大相径庭。那么这个群体是如何游走于传统与创新服饰之间的呢？

英式风尚允许从事户外活动的人穿着优雅漂亮的同时又舒适实用。为此，所有服饰都采用耐磨的面料制成，最重要的是，还必须优雅。总的来说，英国人在户外活动时，会选择狩猎服饰的经典颜色，这已经成为一种时尚，这些颜色会让人想起乡村。他们还会选择黑色，深浅不一的棕色、灰色、蓝色与锈红色，营造出细微差别。一个英式衣橱里要是没有英国赛车绿的话，就不是完整的英式衣橱，那是英国时尚的传统颜色。任何一位完美英国绅士的衣橱还应包括有各式图案的布料，如格子花纹、棋盘格花纹及威尔士亲王格子纹。

到目前为止，一切还不错。毫无疑问，夹克是英式时尚的关键元素，倘若选择得当，它们会显得特别时髦。它应是及腰款式，既不太松也不太紧；既能展现身型，又不限制运动。颜色显然应是自然景观中的典型色彩：棕色或深蓝色最理想，很容易与其他颜色搭配。夹克之下应该穿一件典型英式色调的宽松针织毛衣。爱运动的男士可以用运动衫来替代毛衣。当你要长期身处户外时，做好应对天气变化的准备十分重要。要穿好几层衣物，毛衣或运动衫下面要有衬衫，衬衫并非传统的法兰绒面料，而是纯色的棉布面料或者经典的格子布面料。衬衫一直是男性优雅的象征。什么颜色最好呢？可以在棕色、米色、灰色、绿色和蓝色之间进行选择。

裤子的选择原则必须与夹克的选择原则相同：既不太松也不太紧。为了让造

细花纹的"V"字领套头衫：这件毛衣流露出英式乡村风格的传统遗风。

双排扣人字
尼外套，极度传
克的面料。

浅橙色的苏格
兰纱线袜。袜子总
是能用来擦出一丝
时髦的火花。

带褶皱的细条
面料是制作温暖的
裤子的理想选择。

型既方便又实用，还时髦漂亮，选择合适的鞋子就显得非常重要。显然，我们谈论的服饰并不是适合在地里干活的服饰，所以原始乡村服饰中"干重活"层面的考虑就必须进行调整，尤其在鞋子方面。不能穿登山鞋或者雨靴；类似Church's品牌的经典英式皮鞋是最佳选择，穿上这样的鞋子与朋友会面，或者品尝在田里辛勤工作的成果，当然更为合适。因为这位男士的工作地点为葡萄园，他不仅在园里工作生产，而且还在园里谈论这份生意的魅力，那感觉更像是读书或求爱，而不是坐在拖拉机上汗流浃背。

如果没有眼镜，那么
乡绅的繁夏时尚便不完整
了，但不能是太阳镜！

针织毛衫："奶奶款"针织衫如今变得优雅而时髦。

2004年美国还拍了另一部颇为有趣的葡萄栽培文化的影片《杯酒人生》（*Sideways*），影片中由保罗·吉亚玛提（Paul Giamatti）饰演的迈尔斯曾经说过这样一段话，他用葡萄种植来比喻完美的丈夫或父亲："不，种植皮诺葡萄需要持之以恒的照顾与关注。你知道吗？事实上，它只能生长在这些特定的、隐蔽的小角落。而且只有最有耐心、最有教养的种植者才能做到，真的。只有真正花时间去了解皮诺葡萄潜力的人，才能对它精心照料，让它长得最为丰盈。"

双搭扣皮鞋：时髦、永恒，堪比双排扣西服。

西服外套是时髦的标志：大部分年轻人会穿双钮扣的单排西服。

"Ieri sera ero a Courma fuori come un citofono！"这句话翻译成中文就是："昨天晚上我去了库马约尔，离开时成了往昔与现代的对讲机。"对于意大利人来说，这便犹如往昔时光吹来的一阵劲风。实际上，于很多层面来说的确如

此。20世纪80年代被米兰人戏称为"帕尼纳罗（Paninaro）"的年轻人聚会的景象如今已成为意大利传统的一部分。20世纪80年代在每个西方国家都出现了相似的社会现象。这些被世人嘲笑了数十年的"帕尼纳罗"青年代表了意大利富裕中

牛仔裤腿微微凌乱
卷起是20世纪八九十年代
的典型特征。

富贵闲人风

产阶级使用的一个术语"卡佛诺（cafonal）"，指的是在家族财富的保障下整天无所事事的状态。

　　罗马诗人维吉尔（Virgil）会原谅我们如此不当地使用这个词汇，实际上，它原本与拉丁文中"otium（悠闲）"一词一样高贵。实际上，语义迁移是时代更迭的标志。在这种情况下，我们真的不想对拉丁文"modernum（闲人）"这个形容词赋予贬义，因为，虽然说的都是文化、生活方式，但"闲人"在古代指拥有自由时间的人，而如今，却变成了一种肤浅的漫无目的的人。

不过，说句公道话，我们对赋予上述词汇贬义的证据实在难以辩驳。如果万物真的并非创造，而是由他物演变而来，那"帕尼纳罗"的表现形式无疑已经

成为一种社会类型，尽管围绕着此社会类型发生了许多文化斗争，它也备受指责，可毕竟存活了下来。从社会学的角度来看，这一现象当然很有意思。但从时尚的角度来看，无论是对服饰还是对生活而言，对这类人的反对言论仍然认为这种人无知而粗俗。但是，"信托基

当与时尚元素碰撞时，一条有创造力的经典格子裤甚至变得很时髦。

乍一看，马球衫常常会被忽视。实际上，它可以完美地添加一丝休闲风格。

老生常谈：时尚感
常常是外表的问题。

金儿"——靠信托基金生活的孩子们，他们并没有放弃，而是成为一个群体，致力于毫无羞耻地"炫富"。我们在社交媒体中随处可见这些"富家子弟"的身影，尤其在"照片墙（Instagram）"平台上，这说明"信托基金儿"已经成为一种在全世界聚光灯下的新式名人的类型。

好莱坞的星二代之所以出名，仅仅是因为他们在父母的光环之下。他们之所以能吸引众人的关注，完全是因为这具有魔力的后现代"主角光环"——这种理念与实质毫无关系，只跟名字本身有关。从他们身上，我们看到了一种真实的现象：这些来自富裕家庭的孩子，或者说超级富

131

有的陌生人，他们唯一的目标就是晒各种度假照片，以及炫酷的定制款汽车照片；他们往往举止不当，有时候甚至炫耀镀金的武器。他们唯一的目的就是在全球范围内以一种反常的网络欺凌的态势引起世人的忌妒，并且嘲笑那些关注他们的社交媒体用户。2000年年初，《绯闻女孩》（Gossip Girl）及另一部成功的美剧《黑金诱惑》（Dirty Sexy Money）就试图揭开这一腐败、变态的新一代的面纱，讲述这些纽约富家子弟的生活，如今这座城市已经成为道德沦丧的象征。

虽然这种现象绝对意味深远，但实际上我们想要剖析的是一个不同的观点。"信托基金儿"的做法似乎非常过分，那是因为它没有与任何一种现实活动联系起来。然而，这个群体里，有一些的确是当之无愧的"富贵闲人"，因为他们致力于那些我们认为有益情操的现代活动，譬如体育运动，即便对于富人来说，运动也是件好事！

这些年轻人投身到高尔夫、花式骑术、马球，甚至雪地马球等运动中。雪地马球这项运动也激发了拉夫·劳伦（Ralph Lauren）的灵感，新近推出了"雪滩（Snow Beach）"滑雪板系列服饰。显然，拉夫·劳伦的这一创意并非随意而为。属于这个类型的人都很富有，拉夫·劳伦迎合了他们的风格。他们这个俱乐部，旁人是进不去的，他们不工作，同时也不闲着。哪怕这代人的存在都有赖于父母的遗产，不管父母留给他们的是金钱还是诸如酒窖或艺术画廊之类的生意，他们都保留着高度的时尚感，虽然显得琐碎而乏味，虽然只用一个标志来点缀，但向我们讲述的是一种生活格调。

至于其他超级富豪，我们为这些富贵闲人选取了一种风格，将其定义为"米兰风格（Milanese）"，甚至有点轻描淡写。譬如，一件天蓝色的衬衫搭配牛仔裤和皮制运动鞋，或许再加上一件定制的

明亮的色彩给如今
公认的经典鞋子增添了
一丝怪异感。

外套，虽然这种搭配可能有点太现代、太随意。他们那源于设计名家之手的外
套虽是纯色的，可与经典款的裤子很相配，再加上一对托德斯的丝绒鞋作为点
缀。实际上，颜色与材质各异的托德斯鞋正是富有年轻人的象征。这种服饰看
起来并没有太奢华，即使是富人也可以活得很低调。

白运动鞋会给人复古的感觉。

高科技面料的裤
子与"大学男孩"的
感觉完美契合。

拥有最多元化、最
不可能的色彩的马球衫
是书呆子的典型装束。

无所顾忌

你可能会认为我们搞错了。没有一本服饰手册，甚至没有一本时尚手册会讨论——可以这么说，如此沉闷的群体。从时髦的角度来看，他们当然很沉闷！可同时，不能说他们就不存在，或者假装他们不在那里，就不去看他们。谁没有想过——这辈子至少有那么一次想过：也许男人与衣橱的关系到头来真正的本质就是……无所顾忌？每个人都想过，可能很多人还在这样想。所以，最好不要假装他们不存在，要像我们谈论那些更似是而非的问题、谈论那些令人尴尬的真相般去谈论他们，就像对牛弹琴般。

没错，因为在本章中，我们所要谈论的人对服饰毫无兴趣，他们甚至连考虑抽时间选件外套或者配双袜子都感到困难。他们把时间花在证明革命性的理论上，比如美剧《生活大爆炸》（*The Big Bang Theory*）里的谢尔顿·库珀，或者把时间花在检查沙发的舒适程度上，然后再坐下来思考生命中的幻觉，比如电影《谋杀绿脚趾》（*The Big Lebowski*）中的"督爷"。

书呆子只是这个群体的一种体现形式，然而，书呆子绝对是最有名的，从某种意义上说，也是最迷人的。近期的文化两极分化导致了文学作品的大繁荣，有人对原始书呆子与效仿书呆子之间的差别进行了理论总结。当然，此类参考文献数不胜数。从某种意义上说，关于我们所谓的休闲（哪怕在圈内人看来是草率）服饰，最令人信服的参考并非来自他人，而是奥巴马在《名利场》节目的一次访谈中所言："我一直试着减少决策。在吃什么、穿什么方面，我不想做决定。因为我还有太多其他的决定要做。"

新偶像：美剧《生活大爆炸》让书呆子也成了时髦典范，标志着他们的报复。

选择越少就意味着压力越小，节省时间与精力，把它们花在真正重要的事情上。爱因斯坦总是习惯穿同款的灰外套，因为他不想把自己的智慧、精力浪费在像每天早上选一身衣服这类的平凡任务上。当然，我们谁都不敢用"草率"来描述奥巴马或者爱因斯坦，可有没有人真正见过奥巴马在"工作"之余所穿的那件普通蓝色西装呢？对于爱因斯坦，人们绝不会因他的衣着打扮而记住他。然而，不可否认的是，正如《纽约客》（New Yorker）杂志多年前的一篇文章所指出的那样，书呆子的报复正在进行中。本杰明·纽金特（Benjamin Nugent）在他2008年出版的《美国书呆子：美国人的故事》（American Nerd: The Story of My People）一书中写道："然而，放眼国际，书呆子/宅男/极客/呆子，这些概念都会涉及这些内容：寂寞；工业和后工业时代死记硬背、生搬硬套、机械化的工作性质；现代化让他们将身体置于废弃的状态；当代媒体用简单的虚构故事来邀请大

这双运动鞋的款式毫无特色，用的却是高性能的材质。

素色的飞行夹克。不光是"书呆子"服饰，清新水蓝色与其他任何服饰都很搭。

众建立起的关系让他们变得麻木，无法体会现实生活的乐趣。"

可我们该如何解释这种忽然产生的报复欲望呢？部分原因可能与数字时代的到来有关。可也并不尽然。事实上，书呆子们通过入侵硅谷（比尔·盖茨和史蒂夫·乔布斯，紧随其后的是马克·扎克伯格）获得了他们的社会救赎。他们对社会所做的改变使技术、虚拟现实的创造和大规模传播成为可能，由于计算机语言取代了人们的实际接触和直接接触，相较于所有其他计算机用户，书呆子可以更轻松地掌握。于是，他们的角色也开始变化。过去，他们被社会边缘化，如今他们成功地征服了社会。

"书呆子时尚"的产生与成功明确体现了这一点：衣不能成就人，可人能成就衣。在这个着装规范中，美感是次要的，重要的是简单：裤子就是普普通通的裤子；马球衫成为针织版的衬衫；飞行夹克是最棒的外衣；鞋子可以在简单的乐福鞋与各种品牌的运动鞋之间变换，

带补丁口袋的酒红色五兜牛仔裤：非正统款式的牛仔裤。

白色格子纹芥末黄套头衫。深黄色与酒红色并非传统绝配！

乐福鞋的款式带着标准而清晰的线条，运动鞋的款式则是随处可见。搭配是一门不精确的学问，因此无须考虑太多。服饰的合身度及比例与他们本人毫无关系，而是与他们所代表的形象有关。配饰是一种费力的选择，所以可有可无。

虽然我们刚刚说过，从美学层面来说，这种风尚的服饰非常基本，而且是以极其简单的方式组合在一起的，但是，美学层面之外还有更微妙的方面。

如今这个时代人人都可以在社交网络上展现自己，这多亏了我们的兴趣与个性，那些定义自己为宅男、书呆子的做作风格也开始泛滥。尽管他们的知识流于肤浅，又缺乏文化积淀，但这些

带正装感的柔软运动款裤子，绝对是个冒险的点子！

还是无法抑制他们的欲望，他们不惜一切代价想把自己打扮得标新立异，像个真的"极客"。

一方面，这种集体性狂热的"书呆子风格"让有些人嗤之以鼻，盲目地轻视

20世纪70年代流行的皮夹克款式，肩部位置有所加固。

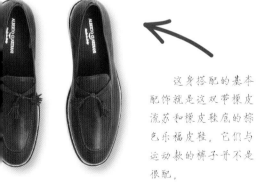

这身搭配的基本配饰就是这双带绒皮流苏和绒皮鞋底的棕色乐福皮鞋。它们与运动款的裤子并不是很配。

与此风格相关联的文化及一切。而另一方面，这种风格也扭曲并背叛了它企图要创造的形象。

书呆子就像所有潮人一样，之所以令人着迷，是因为他们不爱跟风，而更喜欢培养其自身热爱的兴趣。此外，我们还需要打破本体层面的不正确，另辟蹊径：如果以前有人说在科技领域熠熠生辉的人物在穿衣打扮上必定毫不顾忌，必定无法与人相处，这并非事实；那同样，如果今天他们刻意要通过穿得破破烂烂来证明自己是"书呆子"类型，也是错误的，因为这只会强化大众的偏见，越走越远，让本来想重塑现实的初衷被这种偏见越带越远。

马克·扎克伯格是"书呆子"类型中无可争议的领导者，他的话貌似成了预言："我认为，最终，世人不会以我们的失败来评判我们；他们会以我们对世界做出的改变来评判我们。"

蓝色的"V"字领套
头衫：简约风之冕。

还有什么能比
风衣更正式？在当
代传统文化中，风
衣的款式与作用都
不可或缺。

我喜欢规则

"欧维要是那种总是回头想一想自己是何时变成了现在这样的人，他大概会归结，就是那天，他学会了明辨是非；但他并不是那种人。他记得，从那天开始，他决定尽可能做个和父亲一样的人，这样他就很满足了。"瑞典作家弗雷德里克·巴克曼（Fredrik Backman）在他2012年出版的《一个叫欧维的男人决定去死》（*Man Called Ove*）一书中就是这样描述欧维的。世上仍有人很想按规则来生活，或者更确切地说，如果仍有规则，包括如何穿衣打扮的规则，那么他们一定会很喜欢。

1793年10月29日，法国共和党代表宣布了一项法令：着装自由是一项基本人权。对于一个着装体系恒久固化的社会来说，这的确是社会制度的伟大成就。可我们知道，自由这份礼物很迷人，也很难驾驭。按照自己的意愿穿着可能的确是一项基本权利，但也存在一种风险：着装翻车总是不断发生。可在这类人身上却不会。

或者更确切地说，这类人绝不会冒险忤逆既定的着装风格，或者挑战小资们所称的那种"好品位"。所以在他们身上永远不会发生着装失败的情况！

也许，那些时尚狂热者的冒险在这类人眼里看来正好相反，在他们看来，这就像一张扁平的大脑扫描图一样让人觉得无聊。如果你觉得自己正好是这一类着装规范的"卫道士"，不要害怕，重要的是不必感到羞耻。你也许把这种风格与平庸或缺乏远见混为一谈，但影响你的这种思想，其实正是20世纪三四十年代当代文化及相关设计伦理称为功能主义或实用至上主义的思想。

不言而喻，倘若将美学与伦理学混为一谈，将款式与功能混为一谈，那么篮子的数量就会大大减少，可这并不一定意味着实际数量也减少了。这类人普遍存在一种从众心理，将穿衣定义为一种功能，他们首先考虑的是满足基本需求，譬如遮蔽身体；然后再去确定如何把自己展现成一个可靠而务实的个体。事实上，让人颇感意外的是，这类人身上表现最为明显的就是时尚与身体的关系。1938年，奥地利建筑师伯纳德·鲁道夫斯基（Bernard Rudofsky）在意大利最著名的建筑设计杂志《多姆斯》（Domus）上发表了一篇文章，题目为《时尚：不人道的服装》（Fashion: Inhuman Garment），听起来像是一种刺耳的谴责，正如他在文中写道："那些裁缝和鞋匠完全不考虑常理，他们没有用心去遵循人体的解剖学、自然的可塑性和某些基本卫生规则，更不用说美学规则了，只是依照那些由圆柱形、圆锥形、管状物组成的模糊的、理想化的复杂设计来塑造他们的客户。显然，这样下去，根本就没有合理的解决方案。"

衣着服饰的起源为人体，而人体也是衣着服饰所有美学评判的参考物，这两者共生共存，密不可分。伯纳德·鲁道夫斯基相信，服装也因此成为美学、哲学和心理学因素交织融合的优秀例子。1944年，他在纽约现代艺术博物馆举办了一个主题为"服饰是否现代？（Are Clothes Modern?）"的展览，全面阐释了他的观点，并全面分析了现代人通过服饰来实现重塑形体的各种需求和各种方式。

始终尊重规则：格子
西装是重要的声明，最主
要是因为它是双排扣的。

领带配衬衫乃
黄金法则，当然十
分相配！

这件罗登呢大衣，以其标准的形状及标志性的颜色，成为传统的化身。

灰格裤子是永恒的经典

高品质的黑色系带皮鞋，鞋头款式独特。这双鞋子很结实，可以适用于任何场合。

蓝色套头衫下配天蓝色的衬衫，明星的经典搭配。

我们无须过多列举就可以说，与这种着装方式最靠近的就是近来出现的"极简风"现象。是的，我说的就是你，别脸红，这不是脏话。你可以坦然承认：你喜欢正常的感觉。即使在这里，这个词也可以有不同层面的内涵。"极简"并不意味着有变成某类人的自由，它是指你有和任何人在一起的自由。你可能不明白足球规则，但是仍可以在世界杯比赛进球后享受体育场内的欢声雷动。所以极简的意思是不必假装自己不在乎归属感。极简不会为打造与众不同而极简，而是为跨越地道和正宗的鸿沟，融入某种身份而极简。

然而，他们并没有调整主流风格或服饰来让自己的外观与众不同，他们只是简单地去适应每一种场合。1930年，

这套格纹西装采
用经典蓝色色调，饰
以明亮的蓝色条纹。

热爱规则
的男人不能不
拥有这样一条
单褶西裤。

和经典的英国皮鞋
比，这双黑色绒面小牛皮
福鞋几乎没有结构可言。

同样是奥地利人的作家罗伯特·穆齐尔（Robert Musil）在谈论英国历史著作《极端的年代》（Age of Extremes）时分析了素质缺乏这一现象。他说，我们打交道的这些人并不是没有素质，他们不过是面对原本如此看重的"标准"分崩离析，却无从选择的一群人。

"极简"一词是由趋势预测小组K-Hole发明的，这个小组说："要做到真正的'极简'，就必须明白，压根就没有'正常'的东西。"这并不意味可以没有理性地随意穿衣，就好像你不在乎似的。这意味着你要画个圈，然后在这个圈子里以永恒不变的方式快快乐乐地生活。在这个划定的空间里，人们可以远离能改变这个空间的一切外力。

这么说吧，"极简风格"的衣橱里放的全是永不过时的衣服。比如说罗登呢大衣，再配上一套简单的单色系列服装；还有各种经典款式的衣物，譬如带褶皱的裤子，再配上完整的配饰，比如说，像领带或乐福鞋等男性化的饰品。之所以用了这么多"比如说"，是因为虽然没什么特别要说的，可涉及美学世界，肯定不能草率，也没法将它们全部放进一个类别之中，因为每类服饰之间都会有交点。最后我们要说，定义"正常"是个非常复杂的问题，正如科幻小说和同名电影《银河系漫游指南》（The Hitchhiker's Guide to the Galaxy）的那些主人公告诉我们的那样：

亚瑟·登特："正常？只有牛回家后，我们才可以谈论正常。"

福特："什么是正常？"

崔莉恩："什么是家？"

赞福德："什么是牛？？"

脱下你的范思哲

多娜泰拉·范思哲（Donatella Versace）曾如此描述近年来最时尚的歌手之一布鲁诺·马尔斯（Bruno Mars）："当我看到布鲁诺·马尔斯在纽约大都会艺术博物馆慈善舞会（Met Gala）上的表演时，便爱上了他。他宛如舞台上的炸弹，那么充满活力，那么浑然天成。"自他们在2012年大都会艺术博物馆慈善舞会相遇以来，多娜泰拉·范思哲曾多次在重大场合为这位夏威夷歌手设计服装，布鲁诺·马尔斯甚至还特意将歌曲《脱下范思哲》献给了多娜泰拉·范思哲。在这首歌的MV中，他对范思哲标志性的希腊钥匙纹及美杜莎图案大加歌颂。

一直以来，音乐界，尤其是嘻哈音乐界，总是与时尚界紧密相连。如果你热衷嘻哈文化，并倾听饶舌音乐多年，那你一定会注意到这种音乐的演变与饶舌歌手的服饰演变是同步的。自1995年以来，由说唱歌手们自己打造出来的街头时尚品牌不断涌现，深刻影响着嘻哈世界的集体想象力。自2000年年初开始，这些品牌蓬勃发展，曾有一度，每位成功的说唱歌手都推出了能反映他们风格与态度的服饰系列，用以拓展自己的帝国。那个时期，市面上出现了风格各异的嘻哈品牌，只要能想象得到的：从街头风格到更为优雅的风格；从运动式的风格到更为女性化的风格，无一不囊括。

凭借与时尚界的亲密联系，夏威夷歌手布鲁诺·马尔斯已成为这种古怪奢华风格的象征。

148

即使时尚界最知名的品牌
也去迎合说唱音乐的世界。

平沿帽
是所有乡村
风格的象征
性配件。

这件T恤是地
最具标志性
高素之一，它必
印花，还要是
款型。

149

自20世纪70年代
起，飞行夹克快速融入
到各种文化风潮中。

这件陈旧起皱的
T恤深爱那些酷爱做旧
风格的人士的喜爱。

　　街头时尚的特征就是宽松的牛仔裤、宽大的T恤、平沿帽和运动鞋。随着这种风格爆炸式的发展，说唱歌手们把自己打造成完全不同于大众的形象，给街头服饰注入了生命力。经过多年演变，哪怕是原本非街头风格的粉丝也纷纷融入这种时尚服饰之中。

　　说唱歌手纳西尔·琼斯（Nasir Jones），即纳斯（Nas）说过："我们这个时代是展现自我的时代，嘻哈音乐中就包含着一个信息：它讲述了'你是谁'的故事，而你的衣着打扮同样也证明着'你是谁'。"正是出于这个考虑，纳斯与同样来自纽约皇后区的商业伙伴莎查·詹金斯（Sacha Jenkins）开始通过影片来提醒公众，其中讲道："在我们成长的环境中，有些东西很重要，如服饰、时尚，或者我们所称的'装备'；而且在流行文化中，它们的位置依旧十分重要。"

　　2015年的纪录片《时尚着装》

（*Fresh Dressed*）讲述了跨越40年的着装时尚：从20世纪70年代无处不在的"B-boy"风格开始说起，正是这种风格造就了BVD吊带背心、Lee牛仔裤、彪马运动鞋、卡加尔（Cazal）眼镜和坎戈尔袋鼠（Kangol）帽。引发这一切的街头时尚始于英国，然后传到了美国。直到20世纪90年代，另类或叛逆风格一直都是精英时尚或者小众时尚的专属领地。然而，当代街头风格已经成为一种真正的大众现象，在人们逐渐摒弃正装、选择休闲服的大背景下，这种风尚脱颖而出，它从美国城市郊区的服饰中汲取灵感，然后传播到了世界的每个角落。

白色的高帮运动鞋是一切街头风格的共同特征。

超宽松。牛仔裤只有一种款型：超大尺寸，松松垮垮。

与此同时，我们也应考虑这个时代的"精神"转折点，是这种转折使我们的价值观从享乐主义更大程度地转向关注内在、精神层面的东西。因此，这种特定类型的服装正是一种精神与文化态度的体现，是一种从时尚链条中解放出来的新感觉。

然而，对著名标志的追捧仍旧是某种广泛存在的现象，那是由某个设计师打造又通过符号和形象传递给特定群体的行为中的一个可识别的世界。简而言之，我们已经见证过并仍在不断见证世人对不同服饰的认可过程。以Run D.M.C.乐队为例，1986年这个乐队发行了单曲《我的阿迪达斯》（ *My Adidas* ）。这是第一首引入时尚元素的歌曲，最重要的是，它引入的是一个时尚品牌，在歌曲的美化和强化作用下，阿迪达斯先是在整个音乐运动中，然后是在文化运动中，成为关键品牌。

倘若我们要将这类风格归纳出规则的话，可以说，一方面，这种风格仍然有品牌狂热，或者更确切地说，会崇尚某个品牌，认为该品牌就是顶级精美服饰的识别特征。许多关于时尚界与音乐界的研究都对这种现象进行了上述界定。范思哲品牌的标志性图案美杜莎仍是此现象无可匹敌的象征。而另一方面，这种风格还会选择几乎默默无闻的品牌，要求降低到基本款，譬如一件飞行夹克，配上T恤、运动鞋、宽大的牛仔裤，或

这件针织飞行夹克
会让人产生视觉上的错
觉。何种面料都可以,
只要是超大款就行。

地下时尚
始终偏爱基本
色的基本款。

褪色、染色、破洞、
做旧……牛仔裤是这种风
格中的主要单品。

几乎完全忠于设计师
的标签，通过颜色的选择
来增强图形的效果。

颜色的力量：城市
时尚痴迷人士甚至不畏
惧最过分奢靡的颜色。

事物的另一面：
极多主义者的美感及
对品牌的狂热。

者尺寸夸张的裤子，比如说，七分裤甚至短裤。当然，还有必不可少的帽子。色彩的范围也很宽，因为这种风格的色彩从基本的黑白配，一直到胆大冒险、深浅不一的糖果粉，无所不包。它们就是要挑战所有平庸而古老的服饰色彩观念，挑战把颜色与性别联系起来的旧观念。

有鉴于此，布鲁诺·马尔斯在前面提及的那首歌曲里唱道："让我们拥吻拥吻，直到赤裸相对；哦宝贝宝贝，脱下你的范思哲吧；现在为我为我，为我脱下它吧。"在此引用布鲁诺·马尔斯的话：献给我的朋友多娜泰拉。

温暖舒服的编织背
心，颜色上毫不妥协。

高科技面料制成
的双排扣大衣；技术
与传统的结合使其既
耐穿又舒服。

"我们在新泽西有栋房子，还有两个孩子，安妮和乔希。安妮的小提琴拉得不太好，可她真的很努力。她有点早熟，但那只是因为她会说出心里的想法。当她微笑时……还有乔希，他的眼睛和你的一模一样。他话不多，但我们都知道他很聪明。他总是睁大了眼睛默默观察着我们。有时候你看着他，就能知道他正在学习新东西。这简直如同见证奇迹。"

这些话出自2000年的影片《居家男人》（*The Family Man*）中由尼古拉斯·凯奇（Nicholas Cage）扮演的杰克·坎贝尔之口。这部电影上映于新千年伊始之时，这一事实更赋予了影片象征性的价值。影片讲述了一个处于事业巅峰的男人自觉尚有未竟之事，于是选择通过一场梦来重新体验简单的居家男人的生活。影片结尾，男人真的选择了这种生活。

STYLE SPECIAL: Spring/Summer

MONOCLE

HOW TO: START A FASHION BRAND, JOIN THE INDIE
SPORTS TEAM AND LOOK HOT (in a considered way)

TIME TO
LOOK SHARP

流苏乐福皮鞋：
完美的经典款式，经
久耐用，风格独特。

居家男人

　　这是时代变迁的标志，这是一场关于传统的哥白尼式革命，家庭监护人的角色在夫妻间的分配发生了改变。因此，新千年的黎明伴随着一种新的性别意味而来临，这就是所谓的"父权革命"。由于这场革命的历史庄严性，以及有时某些书籍对这场革命的见解，它可能会成为《指环王》传奇中的一个新篇章，并被冠以譬如"新时代的好爸爸"或"现代父亲时代"等启示性的称谓。譬如，2000年意大利引入了父亲休产假制度。而在欧洲，这项制度已经出现了若干年，效果参差不齐。在法国，只有45%的新父亲利用了这一制度，而在挪威，85%的新父亲会休产假。

　　尽管这是一项非凡的成就，但它也引发了各种问题：首先是教育问题，其次是文化问题。有鉴于此，在意大利畅

麻花针织套头衫永远都不
会让人失望，如今，人们认为
它是永不过时的服饰。

一个完美的居家男人
会选一件粗呢大衣，用衣
服的内在本质来展现自己
的保护力，这一点英国水
手心知肚明。

销书作家安东尼奥·斯库拉蒂（Antonio Scurati）2013年出版的作品《不忠的父亲》（Unfaithful Father）里一个角色说道："我们这些40多岁的新手父亲……面临着徒手教育孩子的任务，除了我们的美德、我们的男子气概、我们的动物本能、我们那赤裸裸的人性之外，无须任何用具，也无须任何保护。我们根本是即兴发挥。"这批新一代靠自学成才的爸爸们在寻找确定性和方法的过程中，需要指南和手册来为这个全新的角色做好准备，比如塞韦里诺·科伦坡（Severino Colombo）的《现代爸爸的生存手册》（Manuale di sopravvivenza del padre contemporaneo）及在世界各地出版的其他各种书籍，它们都专注于讲述这类新人在这个更簇新的环境中所必须具备的品质。

不过，倘若我们凑近观察就会发现，对此认知最强烈的信息来自于名人世界。近年来，许多名人用父亲的身份作为沟通的领域，极大影响了世界的集体想象力。他们英俊潇洒，肌肉发达，很受女性欢迎。这种全新的明星父亲完美体现了这种趋势：当伴侣忙于职业发展时，时

代要求这些父亲亲自照顾孩子，将时间与精力投注到孩子身上。考虑到在世人眼中，这些名人毫无例外都是男性的象征，所以，"父亲身份会折损男人的性感"的老旧观念似乎已经过时了。从克里斯·海姆斯沃斯（Chris Hemsworth）到毛罗·伊卡尔迪（Mauro Icardi），从克里斯蒂安·贝尔（Christian Bale）到托马索·楚萨迪（Tomaso Trussardi），这些新时代的父亲们真的很强大，很亲切。

· ·

尽管他性格火暴，可居家男人版的克里斯蒂安·贝尔显得时髦而自在。

真正的新气象是家庭最终变得越来越庞大，最能体现这条新道路的名人之一无疑就是大卫·贝克汉姆（David Beckham）和他的大家庭。现在他投身于更加有利可图的新职业，把足球战靴高高挂起，已经成为全新的超级证明。贝克汉姆永远不会错过任何一个与他的孩子们合影的机会。在这项全职工作中，人们看到他那个同样赫赫有名的甜美伴侣维多利亚·贝克汉姆（Victoria Beckham）似乎已成为家里经济收入的顶梁柱；同样，布拉德·皮特（Brad Pitt）和安

吉丽娜·朱莉(Angelina Jolie)的婚姻期间同样具有示范意义；还有好莱坞明星本·阿弗莱克（Ben Affleck）决定减少职业责任，以便照顾三个儿子；马修·麦康纳（Matthew McConaughey）经常带孩子参加颁奖典礼，不想把孩子留在家里跟保姆在一起；"高司令"瑞恩·高斯林（Ryan Gosling）则告诉《智族》杂志，自己就像《居家男人》中的男主角一样，正过着"梦幻般的生活……所以我觉得真幸运……我的生活都变了。感谢上帝，生活真的改变了"；马克·扎克伯格更是把自己与刚出生的儿子小马克斯亲密玩耍的照片直接放到了社交媒体上；还有性感象征亚当·莱文（Adam Levine），摇滚乐队魔力红（Maroon 5），以及影星阿什顿·库彻（Ashton Kutcher）……我们本以为这些人只会在好莱坞的夜店里度过无所事事的夜晚，然而他们都成了活生生的证据，证明身处新千年的男人都在为家庭而疯狂。

马修·麦康纳，从性感象征到爱心居家男，形象多面。新一代的好莱坞明星创造了一个与父子关系更紧密相连的形象。

常青款：驼色大衣来
不过时。戗驳领的双排扣
大衣总是很完美。

穿上马球衫
择休闲的基本装
，你可以在用色
更大胆一些。

如果你认为这场划时代的剧变不会影响到男人的衣橱，那你就太天真了。最近的研究表明，父亲的基本功能与保护者、领导和老师的作用雷同，这也会体现在现代爸爸对衣服的选择上。

可靠、传统、耐穿：构成这一新式着装规则的服饰都是很实用的，都是永不过时的，这些服饰赋予了爸爸们某种魅力，让人几乎想起了往昔岁月，并让他们拥有了非常具体的风格特征。双排扣大衣、粗呢大衣、驼色大衣；宽松、温暖的灯芯绒裤，或者更正式的粗斜纹棉布裤；"学院风"的条纹开襟羊毛衫；颜色有点不可思议的麻花针织套头衫；适合任何场合的漂亮乐福鞋，或者舒服的运动鞋，有别于

他们十几岁儿子的鞋款。

这种风格就是安全。居家男人的选择中，没有多余之物，然而，可以看得出来，每一件都经过精心挑选，彰显出某种优雅。他们甚至会穿华伦天奴红的袜子，那并不是穿错了，那是因为他们一袭深色，毫无顾忌，所以可以有意识地选择一种令人啼笑皆非的时尚风格主义。

在电影《穿普拉达的女王》（*The Devil Wears Prada*）中有一个场景：梅丽尔·斯特里普（Meryl Streep）饰演的米兰达·普雷斯丽对她的新助理侃侃而谈那件蓝色毛衣的历史。如果米兰达·普雷斯丽就是我们所定义的精致女性的代表，那么小心了，我们在这里也会学到同样的道理。

丰盈的颜色：袜子也是居家男人的创意空间。

居家角色所需的
严肃性也通过眼镜的
风格来传递。

灯芯绒是
一种温暖舒适
的面料，也绝
对时髦。

在这个着装风格中，某些你从未见过的颜色组合能提升整体感觉。

服饰上某些不经意的夸张是重视细节之人的不二法则，譬如一条真丝领带。

精心挑选的面料，起皱效果的棉本面料会流露出精致老成的感觉。

如今在时尚界，除了时装秀和时装盛会外，还潜伏着越来越多的时尚发烧友、时尚狂魔，以及业内人士，他们仿佛都在等着从冬眠中苏醒过来，把自己的造型贡献给博客写手和街头摄影师的镜头。镜头之下，这些人简直就是不惜代价，总是本着不奢华至极不罢休的原则。

出现这种现象的罪魁祸首当属时尚博主及时尚街拍大师斯科特·舒曼（Scott Schuman）和他那个把世界描绘成以时尚为中心的奇思妙想。斯科特·舒曼曾是海尔姆特·朗（Helmut Lang）及波道夫·古德曼（Bergdorf Goodman）等品牌的销售员。2005年，他决定启动"平民街拍（*The Startorialist*）"博客项目，将互联网的影响力、摄影和普通人的时尚风格结合到一起。这个博客在全球范围内取得了斐然的成功，以至于让"街头风格"这个早在20多年前就曾以破坏力著称的风格再次闯入时尚界，并使其词汇内涵焕

然一新。如今，斯科特·舒曼的追随者涌入互联网，他们的一举一动都会引来大量的关注。这种现象的传播与影响极其巨大，以至现在人们穿衣打扮只是为了拍照，为了能让照片出现在时尚照片图集里。这种情况在很短的时间内就创造出一种"时尚事件"综合征，对患上这种症状的人而言，光是穿衣已经不够，你必须盛装华服。

我们可以在佛罗伦萨男装展（Pitti Immagine Uomo）上看到这种症状最奇特的效应。佛罗伦萨男装展一年举办两次，是全世界最重要的男装盛会。男性宇宙从新千年年初的审美疲劳中复苏过来，选择此类天然秀场来满足虚荣心。对于坚持某种风格的人，这些人的批评毫不留情。有时候，他们还会为所谓的"好品位"沾沾自喜，把这个世界变成许多人眼中毫无意义的马戏团。

奢华风格：双色
的条纹面料打造出一
款华丽的水手裤。

锥形的线条让这
款经典乐福鞋看起来
显得精致老成。

MENSWEAR
20 Timeless Elements of Style

当下，"痛恨者"现象在全世界盛行。昨日嘉许的，如今却会被暴涨的狂怒批评摧毁。这就是网络的矛盾性！当然，这也是一场有悖常理的游戏，本应与"通过服饰表达自我"的想法无关，但有时候，人们的想法真是极其微妙复杂。没有一个时尚发烧友能否认：他们的衣橱从不受这种"极多主义"美学的诱惑。所以才会有盛装"泛滥"的说法，可有时候，"盛装"与"滥装"之间的细微差别会直接酿成悲剧。

这种不寻常的面料看起来很像稻草编织而成，让这款西服外套看起来十分新颖独特。

成功地将各种风格混搭在一起。可必须要注意，他们可不是鲁莽之人，而是专业人士；他们可不是新手菜鸟，而是时尚领域，尤其是高级定制领域的伟大鉴赏家。

事实上，"盛装"这个词原本就带有穿戴"太过正式或太过优雅"的含义，在人们的理解中，大多指定制的服饰，指男士应该穿着的经典正装，这绝非巧合。那么，既然我们对男性的定义已经升级，既然我们已经确定存在两种以上性别，而且男装已经公开确认性别中立的立场，那么定制男装的未来还剩下什么呢？难道是一套已经存在了四个世纪、本质上是用来定义军装的裁剪规范与穿戴规则吗？还有，科学技术、时尚民主化，以及数字风尚和偶像又该如何与定制服饰的排他性和奢华理念共存呢？如何让身处新千年的大众继续对定制服饰感兴趣呢？

对于这个划时代的问题，这些"盛装"人士给出的答案之一就是通过奇思妙想，专注于将经典定制服装与成衣混搭，有时候甚至不惜直接糟蹋经典定制服饰，把"定制"拉下神坛。

为了解释这一切，我们找到了四

正是在这样的背景下，出现了一个新的男性种族，一个因对图案、主题、色彩和跨界风格有着过高品位，从而脱颖而出的种族。我们可以认为他们之所以总是如此盛装，若非必当遵循的既定规则，那就是因为职业的缘故。让我们忘记法拉利老板拉普·艾尔坎恩（Lapo Elkann）及他所钟爱的大色块，我们这里讨论的是一小群过度注重细节的时髦人士：他们以罕见的错综复杂与谨慎的深思熟虑，通过层层叠加和大胆组合，

尼克·伍斯特是美国大型连锁店的买手兼时尚总监，因奇异过分的穿衣风格而出名，他的风格明显把定制与时尚结合了起来。

眼镜是这种风格
中的完美配饰。

三件套虽然今天已经极少有
人穿了，但对于这位男士来说，
却几乎成了不可或缺的元素。

位不同国籍和不同背景的专家，他们都专注于男士定制服饰领域：日本United Arrows百货的创始人兼创意总监栗野宏文，自1989年以来一直致力于将西方的影响因素融入日本美学之中；美国人尼克·伍斯特（Nick Wooster），时尚买手、销售总监、男装专家、照片墙（Instagram）名人，自2014年起，成为意大利拉蒂尼（Lardini）品牌定制服饰项目的合作者；托姆·文德特（Thom Widdett）和卢克·斯威尼（Luke Sweeney），2007年他们一起创立了托姆斯威尼（Thom Sweeney）品牌，将伦敦西区的"裁缝街"萨维尔

街（Savile Row）传统带入了数字时代；最后一位是符号名流杰克·吉尼斯（Jack Guinness），演员、DJ、英国模特，他体现了这一风格最古怪的一面。

据尼克·伍斯特所言，这个变化是由美国设计师托姆·布朗（Thom Browne）引发的。10年前，他"彻底革新了西服的穿着方式，完全颠覆了20年的服装传统，采用厚重的面料，使肩部与胸部坚挺，西服上衣与裤子变短，让穿西服重新变得很酷"。这种风格的服装即便是比普通定制更加繁复，很大程度上还是借鉴了定制服饰的观念。伍斯特解释说："服饰定制是一种选择，好莱坞和硅

夸张的细条纹：我们可以这样说，这个面料的选择很少见。

谷已经改变了工装的规范。西服被休闲服装取代，那是一种完全自由的风格，唯一的目标就是让人变得更舒适。可越来越多的男士意识到，漂亮的外表是职业成功的重要因素。这就是他们准备给衣橱加大投入的原因所在，衣橱里的基本衣物和20世纪50年代一模一样：蓝色夹克，灰色法兰绒西服，雨衣，双排扣大衣外套，牛津纺衬衫，李维斯501牛仔裤，奥尔登乐福鞋，燕尾压纹皮鞋。围绕这些经典的基本元素创建一种风格，让您轻松自如，与众不同。"

今年夏天，托姆·布朗的前助理托马斯·芬尼（Thomas Finney）在日本发布了一个手工制作的系列服饰，充分体现出这位年轻设计师眼中的国际定制服饰的概念。席德·马什伯恩（Sid Mashburn）是一个传统零售商，他周游世界，寻找最好的定制服饰放到店里，与自己的品牌一起销售。这些商品采用意大利和日本的面料，在英国手工制作，价格颇有竞争力，年轻客户也买得起。从这个意义上说，这种影响深远的着装规范残余的奢靡华丽如今终于找到了自己的位置。因此，这种着装不再无人问津，而是变成了一种风格的标志，尽管是巴洛克式的，但这种风格还是重新找到了新的生机。

圆领是首选，其风格不可替代。

171

黑金诱惑

魔镜，魔镜，谁是时尚博主里最漂亮的人？

魔镜听了这话的第一反应可能会是"每一个人"，如今博客现象已经变得如此恢宏，以至我们不会满足于这么简短的回答。有人对我们所发现的这一短暂现象持怀疑态度，我们的确很想认同这些人的看法。但毫无疑问，未来会向我们展示更多诸如此类的现象。实际上，这个"未来"就在眼前。

当然，有一点无人能否认：要成为一个成功的时尚博主，你必须拥有罕见的吸引力：要能不羞于脱掉衣服——至少脱掉上半身吧；更要能掌握一套对各个层面而言既情感丰富，又充满哲理的词汇，不管是在社会层面还是文化层面，假设如今的青春期真是在30岁左右结束的话，这一点就更重要了。

在尚未演变为一种时尚或风格之前，时尚博主无疑只是一种文化现象。在社交媒体中并没有明确的美感，这里的主宰力量是青春期情感、对时尚的热忱及卓越的科技知识。2011年1月28日，意大利版*Vogue*杂志前主编弗兰卡·索萨妮（Franca Sozzani）在网站Vogue.it上的主编评论中对时尚博主展开了专题论述，这篇评论的结束语是："博主现象太年轻，太新了。在赞美它或憎恨它之前，让我们稍等一会儿。还有很多人仍然不知道博主是什么意思，而且我们谁都不知道这种现象会如何演变。一切仍在观察中。我唯一能肯定的是，倘若它是一种疾病，我们可以称为病毒性流感，一种流行病！"

的确如此，这种现象不受控制的扩散已使许多业内人士感到厌恶，也许已经引起了"博客综合征"。在某种程度上，正如弗兰卡·索萨妮的风趣说法那样，这种综合征几乎成了流行病。

意大利鞋履设计师朱塞佩·萨诺第（Giuseppe Zanotti）曾评论说："目前，博客发布的还都是一般性的

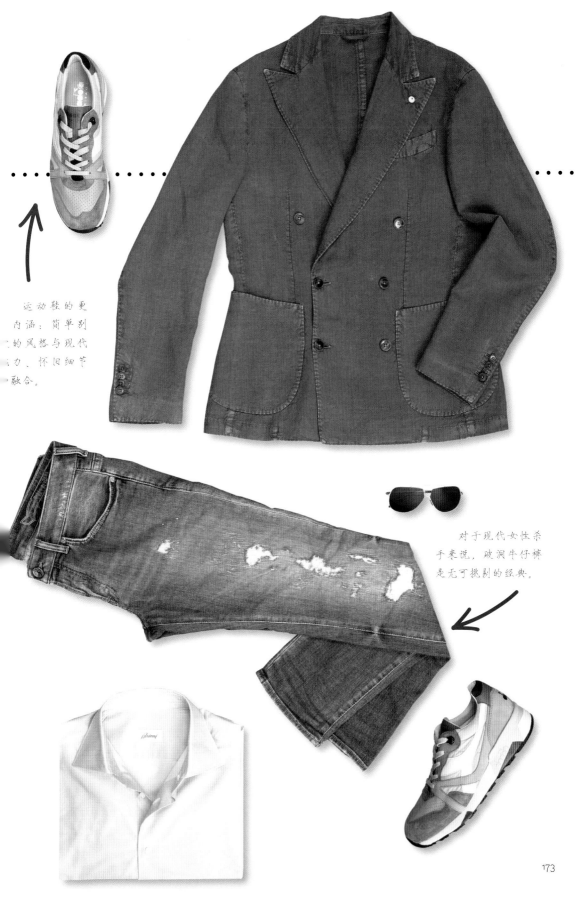

运动鞋的更
内涵：简单别
的风格与现代
力、怀旧细节
融合。

对于现代女性杀
手来说，破洞牛仔裤
是无可挑剔的经典。

定制风格的
外套与英式雨衣
的新颖融合

内容，但它将会变得越来越具体，实际上，它正朝着专业化的方向发展。"事实上，我们已经可以看到有些评论和采访正试图为时尚博主这种临时身份所引发的混乱状况引入某种秩序。自30年前开始，来自马德里的模特加拉·冈萨雷斯（Gala Gonzalez）和菲律宾的布莱恩·格雷·扬保（Bryan Yambao Gray），即大名鼎鼎的布莱恩男孩（Bryanboy），还有一群酷爱时尚却没有资格进入时尚界，或没法接触到时尚界的年轻人，他们预见到了互联网的机遇，凭借那些巧妙地把租来的服饰拼凑在一起的照片，成功吸引了世界顶级品牌的兴趣，得到了最著名导演的呵护。

当然，在这些真正自发的先锋博主中，并非所有人都停滞在这一领域，如今他们当中的许多人已经成了专业人士。就时尚博主而言，往好的方面说，他们是具有影响力的一群人，不仅是作为一个群体类别，他们的影响力还体现在博客内容及商业实力上。正如一直走在网络世界前沿的佛罗伦萨精品店Luisa Via Roma首席执行官安德烈·潘科内西（Andrea Panconesi）所言："这些人所做的事就是营销和沟通。"无论是从追随者的角度还是从营业额角度，他们在这些基石上都建立起了真正的帝国。然而，男性的博主却少之又少，而且还有一个明确的领导者：意大利的马里亚诺·迪瓦约（Mariano Di Vaio）。他是世界上最著名的五大时尚博主之一，他在照片墙上有超过600万的关注用户。既然我们仍然身处意大利风尚之中，那就别无选择了。

现在，菲律宾的著名时尚博主布莱恩男孩是不可替代的时尚风向标，不仅对他的追随者如此，而且对整个时尚体系亦如此。

经典的绒面做旧系带
皮鞋，深绿色鞋跟。

这位来自意大利中部城市佩鲁贾的博主，如今已成为深具影响力的人物，他正是这种着装规范的化身，他完美地将以下特征集于一身：一副看照片就知道有故事的脸庞，雕塑般的体形，永不改变的飞机头，最重要的是那貌似无邪的性感。一方面，他极具男性魅力；另一方面，他带着坚守原则的年轻人的那种敏锐，一切都基于热爱与激情。还有布莱恩男孩，另一位网络世界的冠军，也是青年"时尚受害者"的象征，在他的身上记录着时尚的黄金年代和"酷儿"一代的印记。英国博主马修·佐尔帕斯（Matthew Zorpas）的情况则全然不同。他自2012年起开始经营自己的博客：thegentlemanblogger.com，为新千年提供完美的英式着装范本。

我们这里提及的只是三位关注最多的博主而已。对于着装风格和新式优雅，这些拥有不同灵魂的迥异男士们似乎共有一个新理念，而且从不惧怕将自己置身于这种新理念之中。

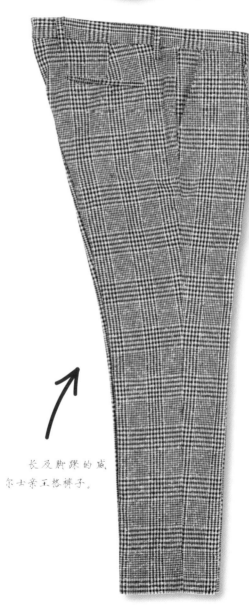

长及脚踝的威
尔士亲王格裤子。

马里亚诺·迪瓦约，也就是著名的"莱克先生（Mr.Like）"，凭借自身的才干征服了网络。

我看到了绿色：佩戴彩色眼镜是一种有趣的习惯。

经过染色的成衣马球衫与裤子搭配出全然不同的意味：融合风格。

这看起来几乎是应了乔治-路易·布丰（George-Louis Buffon）1752年在法兰西学院就职演说中的那句话："风格即人。"于是，很显然，优雅作为时尚中的一个特征被分离出来。服装与人的个性相联系，为许多不同的风格敞开了大门。这就有点像杜嘉班纳如今在时装秀上所做的事情，这个品牌将新千年各式各样的男性聚集到一起。这些当代男士们不再注重时尚或优雅，即使他们在乎，也是基于一种尚未完全确立的制度与规则。

那么，像这样一位男士应该如何着装呢？当他重穿上破洞牛仔裤，或者穿上双排扣西服，搭配传统衬衫，却不扣上衬衫纽扣，以炫耀自己的胸肌，我们就可以说他的风格很大胆；又或者他会选择一件极薄的马球衫，让我们看到发达的肌肉；再或者他会选择一件有夸张细

条纹的定制西服，将定制的概念与天生的性感结合起来。太阳镜是必不可少的，就像一件印有图案的T恤一样，那些图案能唤起人们心中某种情感或记忆。他时不时会为自己添加一些复古的元素，譬如穿上一件巴拿马大衣或者更经典的服饰，比如雨衣。这是时尚与时代、款型与色彩的真正交汇，能将这一切集于一身的唯有他，他的脸庞，以及作为一个始终牢记目标的人所具有的无限魅力。奇特但不过分，展现着现代意义上的优雅，即使他并不明白这意味着什么，仿佛他必然是主流一般，而且怀着很多的激情。迪瓦约说："以模特的身份在世界各地旅行了3年之后，我在父亲的车库里开始工作。那是个艰难的时期，因为我想要离开大学。最后，我认定，让我的想象力自由发挥是最值得的。"所以，全速前进吧！

浅顶卷檐软
呢帽：这种帽子
会为所有男性增
添魅力。

阿拉伯条纹：条纹
永远都能玩出新花样。

怀旧风

无论如何，别叫他们"潮人（Hipster）"。或者，就请叫他们"潮人"好了！近年来，这种类型作为新鲜事物侵入男性宇宙中。如果要对它进行定义那就近乎荒谬了，但从深层次意义上说，它的确在全球范围内动摇并改变了男性形象。这就是一种潮人风格：一开始，这种风格表现为疯狂地关注头发和胡须；然后它就像油渍一般渗透到男性生活的方方面面，并自称为一种生活方式，而它的确就是一种生活方式。

然而，一如往常，成功往往随着过度而至，尤其是在时尚领域，过度与时尚是公认的表亲。当一种亚文化忽然成为主流，即刻就会产生各种各样不同的流派：有反对它的，有支持它的，有痴迷它的，有憎恨它的。这些流派已经成为描述创新青年的通用术语，成为一种反主流文化，延伸到各种貌似雷同、实质迥异的地方，譬如纽约的威廉斯堡区和伦敦的哈克尼区。这种文化迅速演变为贬义词，有时候甚至成了侮辱性的词汇。在任何一种身份认定的过程中，语言的问题总是很棘手，其难度简直堪比让骆驼穿针眼！

正如时尚趋势预测机构"未来实验室"创始人克里斯·桑德森（Chris Sanderson）所言："在我们称某人为'潮人'那一刻起，潮人就消亡了！"他的话非常正确。文化、亚文化、趋势、反趋势……只要尊重世界的复杂性，就都没问题。可在这种情况下，这就有点像一个多选测试，看起来答案都一样，实际上各不相同。什么潮人、原生潮人、新生潮人……我们得在你彻底放弃、停止阅读前先把这个问题讲清楚，我保证。

从历史的角度看，"原生潮人（proto-hipster）"是鉴赏家，是那些偏离常规，寻求不同生活方式的人。多年来，"原生潮人"的能量激发了一代年轻人的灵感，不幸的是，这些年轻人将这个概念扭曲成一种庞大、笨重、拙劣的商业模仿。新的潮人希望以某种特定方式表现自己，他们也希望我们以某种特定方式看到他们的生活和行为，可他们缺少正确

牛仔面料在衬衫上
也有一席之地，一直扣
到领口的牛仔衬衫看起
来很"正式"。

对于潮人来说，细格子
纹裤子是典型的选择。

过去，背带是优雅
象征。纽扣式背带优
夹式背带。

眼镜与太阳镜均可选择
超轻型的玳瑁镜框。

在三件套西服中配韩式立领是一个大胆的选择。

的根基，也没有任何目标上的承诺，他们只是挪用了"原生潮人"的生活方式和处事方式而已，并不想真的像他们那般。

问题是：你怎么能将他们分辨出来呢？青年文化媒体平台"异视异色（VICE UK）"英国站的记者亚历克斯·米勒（Alex Miller）说过这样的话："我没法对潮人进行定义。我认为它指的是'另类'。可这个词之所以兴起，成为通用术语，是因为人们最终意识到他们需要一个词来嘲笑他们不能理解的那种很酷的事物和年轻人。"类似的情况发生在"新生潮人（meta-hipster）"身上，它在美国文化中更常见。人们认为只要迈出一步，突破强加在所属群体身上的各种标准参数便足矣，他们用置之不理的态度来避开障碍，认为要成为潮人，只需戴上一副墨镜，弄个文身就可以了。

我们正处在文化风暴之中。在这场风暴中，这个臭名昭著的词汇成了真实性的反义词，可这个词最原先的本质就是真

"正式"的另一面：甚至连运动鞋都可以配西服。

潮人选择的面料往往会重温经典，但是很强调传统感。

实。"潮人"这个词条引入当代世界所带来的文化腐败引起了一场大争论，这场争论非常重要，它能帮助我们准确地理解我们面对的是什么。然而，当我们意识到，对于20多岁的年轻人来说，这个词意味着"某些很酷、很有创意的东西，某些被认为'更纯净'、更具创造性、更真实的东西"，这场争辩几近徒劳。从近期对20岁刚出头的年轻人的采访中，我们可以看到这一点，这些年轻人所生活的地下场所据说就是"潮人"现象的诞生地。

所以，我们只好说，那就这样吧，处理这样复杂的文化问题并非我们的责任，毕竟我们感兴趣的不过是通过服饰来甄别价值观——如果能办到的话。事实上，要做到这一点极其困难，我们甚至都可以用整本书来阐述这个问题。对于我们来说，潮人意味着一个由无数元素组成的世界及哲学理念，它导致不同国家，有时甚至是不同城市出现各式互补或矛盾的形象。正是因为如此，我们给这种着装规范取了一个同样"放之四海而皆准"的名字：怀旧。因为，说到底，将所有这些不同的表现形式串起来的那条红线就是我们对某些事物的怀旧心理，这些事物已经不存在，或者从未存在过；这条红线就是我们对某些价值观的记忆，在现代化这架绞肉机里，这些价值观已经面目全非；这条红线就是我们对某些形式的追悔，这些形式如今已经不再使我们兴奋。

由此可见，像这样一位男士是个跨界典范，他可以在不同的时间属于不同的群体。他"盛装"时就像尼克·伍斯特，"我心狂野"时就像约翰尼·德普，"黑金诱惑"时就像马里亚诺·迪瓦约。

那么，我们会在他的衣橱里发现什么呢？除了牛仔衬衫以外，还会找到三件套西装，上面的格纹有点古怪。与这套西服搭配的是一件韩式立领衬衫和运动鞋，虽然这种搭配有点不大符合规则。或者一件双排扣马甲搭配经典白衬衫，他或许可以将袖子卷起来，再配上一条让人想起20世纪40年代的条纹裤，一顶浅顶卷檐软呢帽，以及一双超级经典的鞋子。

仅仅随便提一提牛仔衬衫可不够，因为它是每个怀旧风格衣橱里的关键，用途非常多。我们甚至可以用领带来配牛仔衬衫，条纹领带或纯色领带均可，再配上一条修长的裤子，裤子的面料可以是不寻常的材质，但一定要纯色，或许再配上一条背带。

对于一个"怀旧风格"的男士来说，这一切都是必不可少的元素。这类人就像浪漫主义者的先驱，他可以包罗万象，可以集一切矛盾的元素于一身：新的、旧的；古的、今的；黑的、白的。正如2009年上映的影片《无姓之人》（*Mr. Nobody*）中杰瑞德·莱托（Jared Leto）所描述的："人人都是无姓之人，同时，谁也不是无姓之人，它是一种幻觉，一种自我梦想的产物。他是爱，是希望，是恐惧，是生命，是死亡……在影片中，让所有的生命集中到一个角色身上，同时又不失去自我，这是一种挑战。"

带口袋配饰的双
排扣马甲把我们带回
到了20世纪20年代。

条纹让人想起不
同时代的制服世界。

博尔萨利诺帽为点睛之
笔，但应该选窄帽檐。

无处不时尚

"你需要一次时尚的洗礼。"这句话出自H&M的一个推广视频。视频中推销的系列服饰是H&M与安娜·戴洛·罗素（Anna Dello Russo）的合作作品，她可是时尚界无可争辩的标志。针对这位时尚主编，时尚摄影师赫尔穆特·牛顿（Helmut Newton）创造出了"时尚受害者（Fashion Victim）"这个新词条。戴洛·罗素深谙时尚之道，决定用一段视频来为这个系列的推出做宣传广告。作为*Vogue*杂志意大利版的时尚编辑，她掌握了让一切展现辉煌的秘诀："时尚受害者"的十条黄金法则。有些法则看似相当不合理，可我们必须要说，的确如此。譬如说，第三条黄金法则声称时尚必须总是不舒服的，"倘若你觉得很舒服，那么就意味着你犯错了"。有趣的是，这段由"80后"意大利时尚大师创作的视频虽然很出格，甚至刻意弄得很低级，可我们仍然认为，它是对时尚的一种证明，或者更确切地说，是一首奉献给时尚的赞歌。我们甚至可以更进一步说：戴洛·罗素就是这一类型的教母，是世界各地男女"时尚受害者"的缪斯女神，或是她自比的维斯塔贞女。

这类风格的鼻祖就活在自己的形象中，她持续提升自己的整体形象，不断挑战谄媚者的底线，以此证明她对时尚之神的忠诚，或者简单地说，对时尚殿堂的忠诚。

裤子的长度正好到脚踝之上，侧边横条的灵感来自于一级方程式赛车。

交叉、放射纹
路主导着"时尚受害
者"的服饰。

穿着打扮其实是一种科学的方程式，它强调的
是合理选择、搭配得体的各式服装，然后通过大众最
认可的展示方式登上国际舞台。虽然我们不能总认为
穿衣打扮的具体形式就是狂妄武断，但"服饰"这个
词的内涵就是致力于令时尚繁荣的语义场。因为正如
戴洛·罗素所言："世界上最大的成功莫过于狂热过

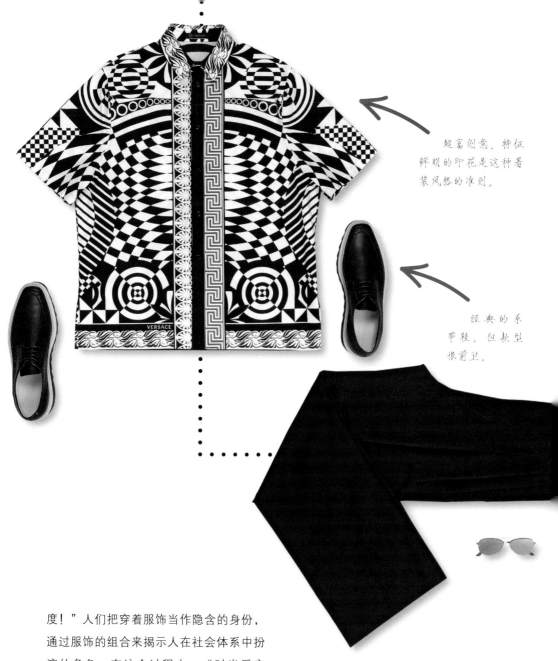

超富创意、特征鲜明的印花是这种着装风格的准则。

经典的系带鞋，但款型很前卫。

度！"人们把穿着服饰当作隐含的身份，通过服饰的组合来揭示人在社会体系中扮演的角色。在这个过程中，"时尚受害者"极少成为时尚的囚徒，很显然，他们只是受害者。所以这些把自己看成是"时尚受害者"的人，不会依赖于"尝试新鲜的、单一的事物"，正如《意大利百科全书》（*Treccani Encyclopaedia*）上所说，"在衣着打扮上，他们只穿时下流行的服饰，哪怕这些服饰很不切实际，或

从客观上说很不美观。'时尚受害者'最常见的错误就是：他们不了解什么样的服饰、什么样的款式最适合他们的身形，所以他们会购买一些很不合体的服装，但无论如何还要穿到身上，因为他们就是要追

层次感：双层布料
会产生一种错视效果。

绉胶底比普通鞋
的鞋底要厚。

求时尚。在过去，这种现象主要影响着女性，可今天，我们看到越来越多的男性也掉进这个陷阱"。

那要看是谁了！实际上，当近距离观察这一现象的时候，我们可以假设这类人是某种基因进化的产物。对他们来说，受质疑的人往往不是时尚的受害者，而是扼杀时尚的刽子手。一旦涉及社交媒体，他们的意识就会成百上千倍地提升。这些狡猾的"时尚受害者"实际上是在玩弄时尚，他们将关注或追随时尚的人也转变为受害者，把这些人身上常见的对潮流成瘾的感觉传递到用户身上。

我们不想走得太远，走入迂回曲折的社会学领域，因为尽管社会学到目前为

世界上最大的成功莫过于
狂热过度！

止仍是一门备受赞誉的学科，可它有时候在某些问题上实在有些偏颇。如今最常见的观点是：当今社会，服饰具有表达、交流的功能，有助于文化的认同和归属；它并不像20世纪初目睹了那个时代经济、社会和文化现代化发展的学者所认为的那样，会加深人与人之间的区别，引起社会叛乱。服饰的这种功能让穿衣者能够每次都以最理想的方式与日常生活中众多对话者进行互动，从而建立在社会及群体中的身份。

在以外表为基础的社会关系中，时尚成为一种决定社会包容与排斥的元素。正如20世纪初德国社会学家、哲学家格奥尔格·齐美尔（Georg Simmel）提出的观点：时尚是一种象征，代表一个人属于这个社会圈子，而不是那个圈子。服装的类型与外观在判断一个人是否会被某个群体接纳方面起着决定性作用。对于想要进入某个群体的人来说，如果所穿的服饰反映了这个群体自身的期望和标准，那么被接纳的机会就会大增加。

尽管如此，我们也不是要妖魔化任何人或事物，只是想对群体进行界定。我们原本以为进入新时代后，群体的界限已经消失，可实际上，这种现象仍然很强势。可以这么说，服饰选择是一个依赖媒体的过程，在此过程中，我们只选择在时髦杂志、时装秀和社交媒体上看到的服饰，从而产生两个互补的结果：第一是无法无天的奢侈，滑稽浮夸到过度；第二则完全对立，彻底放弃审美狂热，完全信赖品牌。所有这一切似乎都是对个性的否定，不过，我们或许也该对这类人更宽容些。另一方面，时尚现象如今已渗透到了生活的方方面面，没人可以认为自己会对时尚免疫。在影片《穿普拉达的女王》中，梅丽尔·斯特里普（Meryl Streep）饰演的米兰达·普雷斯丽是这么对新助理说的："……滑稽的是，你以为是你选择了这个蓝色，让自己远离时尚界；事实却是，这屋子里的人帮你从一堆衣服里选择了这件绒线衫。"真是字字珠玑！

薄纱、皱褶、透
视、浅粉：过度的总
是时尚的。

为了产生魅惑的效
果，这套西服革命性地采
用了充满善性的图案。

　　来自大自然的召唤越来越强烈。主宰我们日常生活的各种高科技界面宛如放大机器，放大了各种可能，让这个界面日益成为未来主义的牢笼，正一步步摧毁我们的本性，让许多人都在这个界面里陷入冲突。

　　那么，我们能做什么呢？该如何化解这场技术进化导致的人的退化呢？许多人选择放弃，选择隔离，或选择皈依东方哲学。另一些人却重新恢复与自然的接触，重拾过去与自然真实而简单的接触。可以说，自然仍属于我们，仍是我们内在的一部

这种着装规范的服饰很基本，很实用，所以能直接装进背包里，如大自然般简单。

我心狂野

分。我在这里还要补充一句：这样的人越来越多。

我们内心深处狂野的流浪本能又出现了。正如浪漫主义者能唤起人们心中的浪漫本能那样，那是一个旅行者去寻找自我的原始精神，是一种不可名状、来自灵魂深处的回响，它使我们确信自己的存在，可这种精神与一切严谨的理性讨论背道而驰。为了在最严酷、最不友好的环境下生存，不断接受挑战，这种冲动如此强烈，以至要与自然抗衡。

可以这样说，"我心狂野"的人就是前面描述过的周末探险

家的进化版。这可远不是那种甘于每周约会或与大学朋友聚会的激情。它是适应了每日常规的生活哲学，但通过更具结构性和持久性的创意，在这个世界内部又构建起一个新世界。一方面，这个群体钟爱的环境是山峦；在大山里，生存的艰难会激发起这种本能。另一方面，他们也钟爱广袤的原野。

当然，有赖于各种令人生畏的技术挑战，这种深层次的需求呈指数级增长。但影响这种需求的还有重新发现狂野西部的好莱坞偶像，以及那些大制作大投入、展现人与自然冲突日益极端的电影。许多演员及亿万富翁都开始重新挖掘这片充满浪漫与传奇的神秘疆土，譬如CNN的创始人泰德·特纳（Ted Turner）、好莱坞明星哈里森·福特（Harrison Ford），他们购买了奢华的牧场饲养野牛；再比如好莱坞演员瓦尔·基尔默（Val Kilmer）和罗伯特·雷德福（Robert Redford），他们甚至在犹他州创立了圣丹斯电影节，来庆祝电影从金光闪闪的大都市来到偏远地区。他们代表着现代性与回归本源融合的梦想，这份神秘的浪漫无疑为此梦想的火焰注入了燃料。

看起来，并非所有融合均能成功。20世纪90年代末，当烟草大亨菲利普·莫里斯（Philip Morris）的遗孀正准备放弃价值1900万美元的牧场，回到洛杉矶的黄金公寓时，她说："大自然总是出其不意。"可尽管如此，电影依然在继续推动这一愿景。譬如，2015年的影片《绝命海拔》（Everest），还有《127小时》（127 hours）、《冰峰168小时》（Touching the Void），以及前面提到过的影片《荒野生存》，这些只是一部分讲述热爱或憎恨自然的影片。"你是人类的公敌，你是所滋养的一切生物的公敌；你这一刻迷人魅惑，下一刻又险恶难当；而此时又在攻击、追捕、摧毁；你总是在折磨我们。"这段话摘自一位冰岛探险家贾科莫·莱奥帕尔迪（Giacomo Leopardi）控诉"自然母亲"的长篇演说，在与自然的对话中，莱奥帕尔迪指责自然母亲顽固残忍，总想要置人类于悲惨境地。然而，面对这些诅咒，自然母亲另有话说，她其实全不关心人类的命运（"在我的设想、运作及法令中，丝毫没有考虑过人类的幸福或不幸"），倘若她意外消灭了整个物种，她甚至都不会留意到。

事实上，这类着装风格的粉丝尊重自然的统治权，不会将其视为邪恶的继母，他们只是把她看作大自然而已。实际上，电影《绝命海拔》的男主角杰克·吉

· ·

高科技面料可以为你提供保护，舒适的鞋子和短裤可以让你的肌肤感受大自然。尽管都是基本服饰，但是风格上一点都不冲突。

背包是超级饰物，会使人想起先驱们，让科技与怀旧相辉映。

伦哈尔（Jake Gyllenhaal）坚持说："能拍一部让你真正体验冒险的影片实属罕见，置身其中真是不可思议。我喜欢在户外考验自己的身体。"这句话读起来就像是所有内心狂野之人的宣言，所有那些想让自己身体最终回归到世界之心、拒绝现代惰性诱惑之人的宣言。

背上帆布背包，穿上舒适实用的衣服，迈向新的冒险之旅。颜色是中性的：自然色、米色、棕色、绿色，带点蓝色调。衣物实用不起皱，或者干脆就是起皱的，本来嘛，就算起皱，谁在乎呢？耐磨、绝缘的面料可以卷起来塞进背包。运动鞋，首选是登山鞋，都是"我心狂野"

人士的最佳好友；当然还有太阳镜，这是对脸部的唯一保护。短裤可以让你更直接接触大自然，因为夏天正该是享受大自然的好时节。当然还有迷彩服，但不一定是军装风格，而是效仿军装的迷彩服，这是某种对现实理想状态的模仿。

这就是自然追随者强烈反对科技违背传统背后的缘由，他们恳求人们摒弃多余之物，放弃现代生活的舒适感，因为这种舒适感让人与人之间越来越疏离。大自然说到底是善意的，这样做最终能满足人们与自然和谐共生的渴望。这有点像《荒岛余生》（Cast Away）那部电影，片中汤姆·汉克斯（Tom Hanks）扮演的查克·诺兰德在独自一人且被迫放弃一切文明工具的情况下，学会通过与未受污染的大自然亲密接触而存活下来，并且慢慢地把自然改造成自己的新家。这部影片中说："世界上最美好的东西，当然就是这个世界本身。"

结实，带伪装
效果，探险者夹克
简直是救兵。

运动鞋逐步演化，
如今变成了登山鞋。

东方理念进入西方时尚界

"好了，我要去西藏，因为我是天选之人。为什么没人选我去巴哈马呢？"现在，社会中出现了一种现象：热衷于东方的一切，不管是什么形式什么地方。如果这种现象不能称为狂热的话，至少已成了一种综合征。1986年的影片《金童子》（*The Golden Child*）是第一部将"东方神秘主义"带进好莱坞的电影，片中暴躁的艾迪·墨菲（Eddie Murphy）开了上面这个特别的玩笑——东方到处都充满灵性，有些人甚至称之为神奇之地。东方的行为方式（冥想、古老的智慧等）均是宝藏，像人类一样古老，具有不可估量的价值。

西方世界怀着好奇心及对灵性的间歇性，同样也是神经质的渴望，看向世界的另一边。这种渴望起初当然是非常积极的，我们能找到各种各样的文字材料、传统习俗及技术方法，毫无疑问，无论是从科学的角度（只需要看一下成千上万个关于冥想心理及生理效应的临床研究就知道），还是从客观的角度，它们对于提升人们内心的、精神的，以及心理的健康，都是有效的。

但如果不考虑我们自己身上典型的西方文化及精神状态，一味将东方的这些行为方式整合进来，那就好比效仿某些不属于我们的东西。在文化层面，它们的确不属于我们。我们的潜意识里充斥着各式各样典型的西方符号和传说，实际上，不是一句"我决定了，我要这样"就能把它们拿走的。

东方唤起了西方的痴迷，这些早在18世纪拿破仑时代就已经开始成为历史的一部分。后来，心理分析学巨擘荣格（Jung）本人也在1929年的著作中对东方进行了描写，并且讨论了东方世界与西方世界可能发生的融合，那是第一批介绍东方的书籍。

纯天然材质，经过
简单的制作工艺就可以
做出一双基本的鞋子。

在提洛尔风格的外
套上使用韩式立领，成就
一件完美之作。

皮质的自然感，
白色的柔和感。

在现实生活中，我们的日常生活就是某种广泛传播的东方文化，它常常将来自不同国家的不同风俗混淆在一起——至少没有把它们加以区分。所以，对于这些风俗而言，被我们所赋予的含义可能并不是它们本身的意思。

巴勒斯坦裔美国历史学家爱德华·塞德（Edward Said）在1978年撰写的一份文案中，着重介绍了东方文化在西方的存在状态，尤其是在文献、展览、电影中，这种文化在西方是如何表现和陈述的。这是一种完全用我们自己的方式来表达或诠释东方文化的现象，我们置身其中，用西方的方式将一切转化为当下的时尚。

灵气疗法、替代疗法、新纪元音乐、萨满仪式……如今，世界仿佛被一分为二：做瑜伽的人和不做瑜伽的人，一生最起码去一次印度

轻盈的面料和宽松的板型，配合身体的自然运动。

这件配饰的基本框架让人想起东亚地区传统的单片眼镜。

皮制的便鞋在
任何情况下都可当
舒适的拖鞋来穿。

赘包减到
最简，皮革保持
自然的韵味。

的人和一辈子都不去印度的人。在后现代时期，哲学相对主义盛行，这些精神和心理取向反映到了服饰上。像乔治·阿玛尼这样的前辈，早在20世纪80年代就在他设计的服饰中出现了韩式立领、哈伦裤、流光材质、自然色调等元素，还有低帮鞋，他尤其喜欢拖鞋和凉鞋。东方世界讲究线条简洁，崇尚美学本质主义，其中以日本最甚，这些东方审美趋势也走进了西方的时尚界。也许正是这种认知的强化，如今演化出了一批对日本文化痴迷的粉丝。

中性的色调，舒适的面料，不会束缚身体的款式，以及必要的配饰。这种偏好的背后隐藏着什么呢？所有的选择都与一切从简的逻辑有关。服装是我们可以用以沟通的工具之一，可这似乎并非是各行各业的人青睐风格单一的"工作服"的主要动机。这似乎更像是一种尝试，要换位思考，试试他人走过的路；通过穿上同样的服饰，复制他们的人生哲学。这一选择象征着放弃虚伪装饰，放弃尝试失败，只重视主旨，重视精髓。在这种风格的服饰中，每个不同的流派都有自己的代表人物。除此之外，艺术家、建筑师和知识分子也会选择这种风格，他们都偏好黑色，我们称为极简主义风格。

这种情况绝非偶然。事实上，这类主题的教父正是德国建筑师密斯·凡·德·罗（Ludwig Mies Van der Rohe）。这也并非偶然，这位建筑师以"少即是多"的观念在当代文化中留下了重要的印记。英国演员杰瑞米·艾恩斯（Jeremy Irons）和本·金斯利（Ben Kingsley），还

这件T恤是简单的象征，没有任何多余之物。

平鞋底，不定形的鞋面，能提供完全的舒适感。

这件衬衫的设计以中国的工人制服为基础，使用了最少的时尚细节。

1860

MASTERMIND

Bruce Weber
Leila Slimani
Nicolas Ghesquière
Xavier Dolan
Steven Meisel
Anne Sinclair
Benjamin Biolay
Isabelle Huppert
Stephen Shore
Alan Pauls
Freja Beha Erichsen
Ricardo Bofill
Claire Underwood

黑色是冥
想的颜色。你
可以穿上这双
带包边线的锥
形运动鞋苦思
冥想。

这些服饰的灵感来自于东亚的武术和僧侣的长袍。

从时尚的角度来看，英国演员杰瑞米·艾恩斯是最早接受东方哲学的人之一。

有法国超级明星、当代著名建筑师让·努维尔（Jean Nouvel），他们都更喜欢反映苦行僧和一代宗师痕迹的服饰。

芝加哥大学开展了一项名为"换位思考"的研究，这是关于东西文化差异的最新研究之一。从根本上说，开展这项研究并非偶然，因为，

在今天看来，哈姆雷特的疑问"生存还是毁灭"，如今已经变为"为之，还是不得不为之"，成为更具灵性、更严格遵循素食主义、更……东方的东西，在心灵与肉体间开展一场没有硝烟的战争，来取代我们最古老的冲突。

作 者

朱塞佩·切卡雷利（Giuseppe Ceccarelli）是一名时尚记者兼文化评论员。他的专业履历跨度很大，从纸质出版物到网络出版物，还有电视节目。他的职业生涯始于几家报纸，譬如*modaonline.it*和*CNN Style*。之后，他进入时装出版业，先任职于意大利*Class Editori*传媒集团，后加入意大利版*VOGUE*男士时尚杂志社，他在那里工作了7年。2011年，他回归自由职业，目前与《绅士》月刊合作，这本杂志隶属于米兰财经日报社。他为《绅士》杂志提供摄影服务，同时还撰写文章，进行采访。多年来，他还曾在米兰和巴黎的许多时装展上担任星探，参加过国际才艺表演节目。他还担任各种公司的时尚与形象顾问。

摄 影 师

安杰拉·因普罗塔（Angela Improta，1976年出生于卡塞塔）本科主修时装和服装设计。获得应用艺术学士学位后，她决定学习摄影。安杰拉先搬到纽约，之后又来到米兰。在那里，她取得了意大利摄影学院（IIF）和13超级工作室的专业摄影文凭。她担任摄影师已有一年多，与多家著名的纸媒杂志和网络杂志合作，譬如，*Vogue Gioiello*、意大利版《智族》、《讽刺文》（*Lampoon*）、意大利版*Glamour*、俄罗斯版*Marie Claire*、男性版*Book Moda*、儿童版*Book Moda*、*Lola Glam*。她的客户包括许多知名品牌，如芬迪（Fendi）、JusBox、Briglia 1949、Replay、宝格丽（Bulgari）和资生堂（Shiseido）。她还与一些世界上最著名的摄影师合作过，包括克劳斯·威克拉斯（Clausa Wickrath）、迈克尔·奥布莱恩（Michaela O'Brien）和詹帕洛·斯古拉（Giampaoloa Sgura）。

作者鸣谢

安德里亚·波洛尼奥（Andrea Polonio）的无限支持与理解；

作为导师与无价挚友的克里斯蒂娜·曼弗雷迪（Cristina Manfredi）；

安杰拉·因普罗塔（Angela Improta）的无尽帮助；

亚历山德拉·蒙塔纳（Alessandra Montana）对我的信任。

图片来源

除以下图片外，其余所有图片均由安杰拉·因普罗塔拍摄。

1 英雄图片库／盖蒂图片社　2－3 谢尔盖·内米罗夫斯基／Shutterstock网站

4－5 g-stock工作室／Shutterstock网站　6 Topic Images公司／盖蒂图片社　10－11 Sjo／盖蒂图片社

17 史蒂芬·奥特拉姆／EyeEm／盖蒂图片社　19 Twocoms／Shutterstock网站

22－23 斯特凡尼亚·达历山德罗／WireImage／盖蒂图片社　24 Dfree／Shutterstock网站

33 帕斯卡·勒·塞格雷塔／盖蒂图片社　39 佩德罗·戈麦斯／Redferns／盖蒂图片社

46 彼埃尔·苏／盖蒂图片社　51大卫·M.贝内特／戴夫·贝内特

52 米哈伊尔·梅泽尔／塔斯社／盖蒂图片社　60 杰夫·斯派塞／BFC／盖蒂图片社　64 ESTROP／盖蒂图片社

79 米雷娅·阿奇尔托／盖蒂图片社　135 蒙蒂·布林顿／CBS／盖蒂图片社

148 罗宾·马钱特／盖蒂图片社　159 斯蒂克曼／Bauer-Griffin／GC Images／盖蒂图片社

160 雷·塔美拉／盖蒂图片社　168 万尼·巴塞迪／盖蒂图片社

175 雅各布·罗勒／盖蒂图片社　177 右上－劳拉·莱扎／盖蒂图片社

205 丹尼·马丁代尔／FilmMagic／盖蒂图片社　206 文森佐·隆巴多／盖蒂图片社

图书在版编目（CIP）数据

男士着装新规范　潮男的时尚法则／（意）朱塞佩·
切卡雷利著；（意）安杰拉·因普罗塔摄影；麦秋林译. —
北京：北京美术摄影出版社，2019.12
　　书名原文：New Dress Code
　　ISBN 978-7-5592-0328-1

　　Ⅰ．①男… Ⅱ．①朱… ②安… ③麦… Ⅲ．①男性—
服饰美学—普及读物 Ⅳ．①TS973.4-49

中国版本图书馆CIP数据核字（2020）第016837号

北京市版权局著作权合同登记号：01-2019-7304

责任编辑：耿苏萌
助理编辑：刘慧玲
翻译审校：李小霞
责任印制：彭军芳

男士着装新规范　潮男的时尚法则
NANSHI ZHUOZHUANG XIN GUIFAN
CHAONAN DE SHISHANG FAZE

[意]朱塞佩·切卡雷利　著
[意]安杰拉·因普罗塔　摄影
　　　　麦秋林　译

出　版　北京出版集团公司
　　　　北京美术摄影出版社
地　址　北京北三环中路6号
邮　编　100120
网　址　www.bph.com.cn
总发行　北京出版集团公司
发　行　京版北美（北京）文化艺术传媒有限公司
经　销　新华书店
印　刷　北京汇瑞嘉合文化发展有限公司
版印次　2019年12月第1版第1次印刷
开　本　710毫米×1000毫米　1/16
印　张　13
字　数　160千字
书　号　ISBN 978-7-5592-0328-1
定　价　98.00元
如有印装质量问题，由本社负责调换
质量监督电话　010-58572393